U0464476

（2022 年版）

20kV 及以下配电网工程概算定额

第一册 建筑工程

国家能源局 发布

中国电力出版社
CHINA ELECTRIC POWER PRESS

图书在版编目（CIP）数据

20kV 及以下配电网工程概算定额：2022 年版. 第一册，建筑工程/国家能源局发布 . —北京：中国电力出版社，2023.6

ISBN 978 - 7 - 5198 - 7738 - 5

Ⅰ．①2… Ⅱ．①国… Ⅲ．①配电系统—电力工程—概算定额—中国②配电系统—建筑工程—概算定额—中国 Ⅳ．①F426.61

中国国家版本馆 CIP 数据核字（2023）第 062271 号

出版发行：中国电力出版社		印　刷：三河市航远印刷有限公司	
地　　址：北京市东城区北京站西街 19 号		版　次：2023 年 6 月第一版	
邮政编码：100005		印　次：2023 年 6 月北京第一次印刷	
网　　址：http://www.cepp.sgcc.com.cn		开　本：850 毫米×1188 毫米　32 开本	
责任编辑：张　瑶（010-63412503）		印　张：10	
责任校对：黄　蓓　马　宁		字　数：265 千字	
装帧设计：张俊霞		印　数：0001—3000 册	
责任印制：石　雷		定　价：75.00 元	

版 权 专 有　侵 权 必 究

本书如有印装质量问题，我社营销中心负责退换

国家能源局关于颁布《20kV及以下配电网工程定额和费用计算规定（2022年版）》的通知

各有关单位：

为适应20kV及以下配电网建设工程管理发展的实际需要，科学反映物料消耗及市场价格变化情况，进一步统一和规范配电网工程计价行为，合理确定和有效控制配电网工程造价，国家能源局委托中国电力企业联合会组织编制完成《20kV及以下配电网工程建设预算编制与计算规定》《20kV及以下配电网工程估算指标》《20kV及以下配电网工程概算定额（建筑工程、电气设备安装工程、架空线路工程、电缆线路工程、通信及自动化工程）》《20kV及以下配电网工程预算定额（建筑工程、电气设备安装工程、架空线路工程、电缆线路工程、通信及自动化工程）》（以上4项统称《20kV及以下配电网工程定额和费用计算规定（2022年版）》）。现予以颁布实施，请遵照执行。

《20kV 及以下配电网工程定额和费用计算规定（2022 年版）》由中国电力企业联合会组织中国电力出版社出版发行。

国家能源局（印）

2023 年 3 月 2 日

前　　言

　　《20kV 及以下配电网工程概预算定额（2022 年版）》（以下简称"本套定额"）是《20kV 及以下配电网工程定额和费用计算规定（2022 年版）》的主要组成内容。

　　本套定额根据《国家能源局关于印发〈电力工程定额与造价工作管理办法〉的通知》（国能电力〔2013〕501 号）文件的要求，围绕 20kV 及以下配电网建设面临的新形势和新要求，按照国家及电力行业有关标准规范，结合配电网工程建设与管理的特点而制定。

　　本套定额是在 2016 年版《20kV 及以下配电网工程概预算定额》的基础上，合理继承和沿用了原定额的总体框架和形式，根据 2016 年以来 20kV 配电网工程有关的新政策要求、新技术发展、项目管理新模式以及新设备、新材料、新工艺的应用状况，对定额专业划分、子目设置、计算规则、编制内容、价格水平等进行了补充、优化和调整。

　　本套定额在修订过程中，按照国家关于定额编制的程序和要求，经过广泛征求各方意见和建议，对各项内容进行了认真调研和反复推敲、测算，保证了定额的适用性、时效性和公正性。

　　本套定额由国家能源局批准并颁布，由电力工程造价与定额管理总站负责修订和解释。

领导小组	安洪光	潘跃龙	张天光	董士波	吕　军	叶煜明	梁景坤
编制人员	卢　玉	田进步	王美玲	张致海	屠庆波	姜玉梁	冯婷婷
	张　跃	吴萌萌	高圣洁	赵维波	施　维	徐慧声	黄　河
	黄　琰	冯艺原	张　清	于　雪	彭祖涛		
审查专家	姜　楠	胡晋岚	余光秀	杨文生	万正东	黄禹铭	黄　赟
	沙俊强	陈　萍					

总 说 明

一、《20kV 及以下配电网工程概算定额（2022 年版）》（简称定额）共分 5 册，包括：

第一册　建筑工程　　　　　　　　　　第二册　电气设备安装工程

第三册　架空线路工程　　　　　　　　第四册　电缆线路工程

第五册　通信及自动化工程

二、本册为《第一册　建筑工程》（简称本定额），共 12 章，包括土石方工程，基础与地基处理工程，地面与地下设施工程，楼面与屋面工程，墙体工程，门窗工程，钢筋混凝土结构工程，钢结构工程，管道工程，站区性建筑工程，室内给水与排水、采暖、通风与空调、照明与防雷接地、特殊消防工程，措施项目。

三、本定额是编审工程初步设计概算的依据，是编审工程最高投标限价、招标标底的基础依据，同时也是编制投标报价、工程结算和调解处理工程建设经济纠纷的参考依据。

四、本定额主要编制依据。

1.《20kV 及以下配电网工程建设预算编制与计算规定（2022 年版）》。

2.《20kV 及以下配电网工程预算定额（2022 年版）　第一册　建筑工程（上册、下册）》。

3. 配电网工程典型设计、施工图及施工组织方案等。

五、本定额中的材料、半成品、成品是按照国家质量标准和相应的设计要求，且具有质量合格证书和试验合格记录的产品考虑。本定额是在正常的气候、地理条件和施工环境下，按照正常合理的施工组织设计，选择常用的施工方法与施工工艺，并考虑了合理的交叉作业条件编制。

六、本定额是完成规定计量单位子目工程所需人工、材料、施工机械台班的消耗量标准，反映了电力行业配电网建筑工程施工技术与管理水平。除定额规定可以调整或换算外，不因具体工程实际施工组织、施工方法、劳动力组织与水平、材料消耗种类与数量、施工机械规格与配置等不同而调整或换算。

七、定额子目的适用范围及工作内容在各章说明中阐述，有关施工工序的范围及工作内容详见《20kV 及以下配电网工程预算定额（2022 年版）　第一册　建筑工程（上册、下册）》的有关说明。

八、定额基价计算依据。

（一）关于人工。

1. 本定额人工用量包括施工基本用工、辅助用工，分为普通工和建筑技术工。

2. 普通工单价为 80 元/工日，建筑技术工单价为 111 元/工日，每个工日为 8 小时。

（二）关于材料。

1. 本定额材料消耗量包括施工中消耗的主要材料、辅助材料、周转材料和其他材料，并包括了合理的施工损耗量、施工现场堆放损耗量、场内运输损耗量。周转性材料在定额中按照摊销量计列；对于用量少、低值易耗的零星材料，列为其他材料费。

2. 本定额中材料单价按照电力行业 2022 年材料预算价格综合取定，为除税后单价。

（三）关于施工机械。

1. 本定额施工机械台班消耗量包括基本消耗量，超运距、超高度、必要间歇时间消耗量及机械幅度差等。

2. 不构成固定资产的小型机械或仪表的购置、摊销和维护费用等包括在《20kV 及以下配电网工程建设预算编制与计算规定（2022 年版）》的施工工具用具使用费中。

3. 施工机械台班单价按照 2022 年电力行业机械台班库综合取定，为除税后单价。

九、定额综合性内容说明。

1. 本定额综合考虑了施工中的水平运输、垂直运输、建筑物超高施工等因素，执行定额时不作调整。

2. 本定额施工用的脚手架已经综合在相应的定额子目中，其费用不再单独计算。

3. 混凝土施工费用调整。

（1）本定额中混凝土施工按照施工现场搅拌机搅拌、非混凝土泵车浇制考虑。

（2）本定额中混凝土施工以机械运输为主、人工浇制，当施工采用混凝土泵车浇制时，每浇制 $1m^3$ 混凝土成品增加 15.6 元施工费，其中材料费增加 19.0 元，机械费增加 8.7 元，人工费减少 12.1 元。泵送混凝土工程量在初步设计阶段可以按照全站混凝土量 80% 计算。如有施工组织设计，泵送混凝土工程量按照施工组织设计确定。混凝土量不包括临建工程中的混凝土量、购置成品混凝土构件的混凝土量。

（3）现场制备混凝土量根据工程混凝土成品工程量加定额施工损耗量计算。在初步设计阶段现场制备混凝土量可以按照全站混凝土量计算。混凝土量不包括临建工程中的混凝土量、不包括购置成品混凝土构件的混凝土量、不包括购置商品混凝土量。

（4）工程采用商品混凝土时，商品混凝土增加费按照价差处理。

4. 混凝土预制构件、金属构件、土石方等运输，除定额特殊说明外，运输距离均为 1km。

5. 砂浆强度等级、砂浆配合比例、混凝土粗骨料材质、钢结构材质、钢筋强度级别等定额已经综合考虑，执行定额时不作调整。现场浇制的混凝土结构强度等级大于 C40 时按照附录 C 进行调整。

6. 混凝土预制构件和金属构件的制作、运输、安装等损耗综合在定额中，不另行计算。

7. 在混凝土配合比中不包括由于施工工期或施工措施的要求额外增加的混凝土外加剂（如减水剂、早强剂、缓凝剂、抗渗剂、防水剂、防冻剂等）。水工混凝土和地下混凝土已经综合考虑了混凝土抗渗、抗冻的要求，执行定额时不得因抗渗、抗冻标准调整混凝土单价。

8. 除另有说明外，本定额第 2 章中的钢筋混凝土基础工程、第 4 章楼面与屋面工程、第 7 章钢筋混凝土结构工程、第 9 章管道工程不包括钢筋费用，定额中以未计价材料的形式列出了不包括钢筋费用子目的钢筋参考用量，应按照第 7 章第 3 节钢筋定额子目单独计算，工程实际用量与定额参考用量不同时，可以调整。其他章节子目均包括钢筋费用，工程实际用量与定额含量不同时，不作调整。成品预制构件及装配式构件中包括钢筋。

9. 除另有说明外，定额中包括预埋铁件费用，工程实际用量与定额含量不同时，不作调整。

十、本定额不包括沉降观测标及沉降观测标保护盒，发生时执行预算定额。

十一、本定额同一子目出现两种及两种以上调整系数，除定额另有规定外一律按累加计算。

十二、本定额中凡注明"××以内"或"××以下"均包括其本身，凡注明"××以外"或"××以上"均不包括其本身。

十三、总说明未尽事宜，按各章说明执行。

目　　录

第 1 章 土石方工程

说　　明

1. 本章定额适用于区域平整、建筑物与构筑物的土石方工程。包括建筑工程中场地平整、土方开挖、运送、填筑、压密、弃土、土壁支撑等工作内容。

2. 土方工程根据施工方法分为机械施工土方与人工施工土方，机械施工土方定额已经综合考虑了机具配置及人工配合机械施工的因素。

3. 土壤及岩石分类按照《20kV 及以下配电网建设工程预算定额（2022 年版）第一册　建筑工程（上册）》第 1 章"表 1-1 土壤分类表"和"表 1-2 岩石分类表"规定执行。定额中土方的类别已经综合考虑；定额中普通岩石为岩石分类表中的软质岩，坚硬岩石为分类表中的硬质岩。

4. 土方施工已综合考虑平整场地、挖湿土、桩间挖土、推土机推土厚度与积土压密、挖掘机垫板作业、场地作业道路、行驶坡道土方开挖与回填等因素。

5. 建筑物与构筑物的土方工程包括了土方二次开挖、二次回填与倒运、不同深度坑槽出土等工作内容。

6. 机械施工石方定额按照机械开凿石方施工，已经综合考虑机械配置及人工配合机械施工、石方破解等工作内容。

工程量计算规则

1. 土石方体积按照挖掘前天然密实方计算，松散系数与压实系数影响的土石方量已在定额中考虑。

2. 以场地平整设计标高为土石方挖填起点计算标高。土石方挖深为挖方起点计算标高至基础（或底板）垫层底标高。

3. 站区场地平整标高在±300mm以内时，按照站区占地面积减去建筑物与构筑物（不含散水、台阶、坡道）占地面积乘以0.1m厚度计算场地平整工程量，执行机械施工土方场地平整定额。

4. 场地平整土石方量按照场地平整挖方量计算工程量；挖填方区域是指站区设计范围征地区域，站外沟渠、管线、管理小区等平整土石方量单独计算。

5. 建筑物、构筑物基础土石方按照挖方体积计算工程量，不计算行驶坡道土石方开挖量。当土方挖深小于1.2m时，不计算放坡挖方量，即取消土方开挖长或宽中的0.5×挖深。

（1）土方开挖长或宽：

1）机械施工基坑土方开挖长或宽=基础（或外壁）底边尺寸+1.2m+0.5×挖深。

2）机械施工沟槽土方开挖长=轴线尺寸，土方开挖宽=基础（或外壁）底宽+1.2m+0.5×挖深。

3）人工施工基坑挖深2m以内土方开挖长或宽=基础（或外壁）底边尺寸+0.7m+0.5×挖深。

4）人工施工基坑挖深2m以外土方开挖长或宽=基础（或外壁）底边尺寸+1.2m+0.5×挖深。

5）人工施工沟槽挖深2m以内土方开挖长=轴线尺寸，土方开挖宽=基础（或外壁）底宽尺寸+

0.7m+0.5×挖深。

6）人工施工沟槽挖深 2m 以外土方开挖长＝轴线尺寸，土方开挖宽＝基础（或外壁）底宽+1.2m+0.5×挖深。

（2）石方开挖长或宽：

1）建筑物、构筑物基础石方开挖，当沟槽底宽 3m 以上或基坑底面积 20m² 以上时，按照场地平整石方开挖计算。深度允许超挖量：普通岩石 0.2m；坚硬岩石 0.12m。长度、宽度允许超挖量综合在如下工程量计算尺寸中，不另行计算。超挖部分体积并入石方开挖工程量内。

2）石方开挖基坑底面积 20m² 以外石方开挖长或宽＝基础（或外壁）底边尺寸+1.5m。

3）石方开挖基坑底面积 20m² 以内石方开挖长或宽＝基础（或外壁）底边尺寸+0.7m。

4）石方开挖沟槽底宽 3m 以外石方开挖长＝轴线尺寸，石方开挖宽＝基础（或外壁）底宽+1.5m。

5）石方开挖沟槽底宽 3m 以内石方开挖长＝轴线尺寸，石方开挖宽＝基础（或外壁）底宽+0.7m。

6. 建筑物、构筑物外墙外 1m 以内沟管道的土石方开挖不计算工程量；突出墙面的柱与墙垛的土石方开挖不计算工程量；坡道、运输道路的土石方开挖不计算工程量。

7. 挖淤泥流沙工程量按照实体体积计算。

8. 土石方运输每增加 1km 工程量按照运方（自然方）量计算。

1.1 机械施工土方

定额编号			PGT1-1	PGT1-2	PGT1-3	PGT1-4	PGT1-5	PGT1-6
项 目			场地平整土方	建筑物与构筑物土方	挖淤泥、流沙	挖冻土	土方运距	淤泥运距
							每增加 1km	
单 位			m³	m³	m³	m³	m³	m³
基 价（元）			**16.50**	**25.21**	**20.96**	**21.94**	**1.81**	**1.83**
其中	人 工 费（元）		0.50	6.93	1.34	0.34		
	材 料 费（元）		0.10					
	机 械 费（元）		15.90	18.28	19.62	21.60	1.81	1.83
名 称		单位	数 量					
人工	普通工	工日	0.0063	0.0866	0.0167	0.0043		
计价材料	水	t	0.0150					
机械	履带式推土机 功率 75kW	台班	0.0021	0.0012	0.0013	0.0003		
	履带式推土机 功率 90kW	台班				0.0041		
	履带式推土机 功率 105kW	台班	0.0012					

续表

定额编号			PGT1-1	PGT1-2	PGT1-3	PGT1-4	PGT1-5	PGT1-6
项目			场地平整土方	建筑物与构筑物土方	挖淤泥、流沙	挖冻土	土方运距	淤泥运距
							每增加1km	
机械	轮胎式装载机　斗容量　2m³	台班		0.0013				
	履带式单斗液压挖掘机　斗容量　1m³	台班	0.0015	0.0022	0.0072	0.0044		
	机械式振动压路机　工作质量　15t	台班	0.0047					
	电动夯实机　夯击能量　250N·m	台班		0.0226				
	自卸汽车　8t	台班			0.0142	0.0174		0.0028
	自卸汽车　12t	台班	0.0057	0.0139			0.0020	
	洒水车　4000L	台班	0.0008					

1.2 人 工 施 工 土 方

定 额 编 号		PGT1-7	PGT1-8	PGT1-9	PGT1-10	PGT1-11	PGT1-12
项 目		场地平整土方	基坑土方		沟槽土方		挖冻土
			挖深2m以内	挖深4m以内	挖深2m以内	挖深2m以外	
单 位		m³	m³	m³	m³	m³	m³
基 价 (元)		**25.88**	**32.38**	**36.64**	**29.97**	**33.21**	**82.59**
其中	人 工 费 (元)	24.96	27.55	33.46	25.94	29.62	78.46
	材 料 费 (元)						0.16
	机 械 费 (元)	0.92	4.83	3.18	4.03	3.59	3.97
名 称	单位	数 量					
人工 普通工	工日	0.3120	0.3444	0.4183	0.3242	0.3702	0.9808
计价材料 工具钢 综合	kg						0.0033
硝铵炸药 2号	kg						0.0139
雷管 电雷管	个						0.0320
导火索	m						0.0660
机械 轮胎式装载机 斗容量 2m³	台班		0.0009	0.0005	0.0007	0.0006	0.0007
电动夯实机 夯击能量 250N·m	台班	0.0314	0.0173	0.0227	0.0208	0.0212	0.0188
自卸汽车 12t	台班		0.0039	0.0023	0.0031	0.0027	0.0031

7

1.3 机械施工石方

定额编号		PGT1-13	PGT1-14	PGT1-15	PGT1-16	PGT1-17
项 目		场地平整石方		基坑石方	沟槽石方	石方运距
		普通岩石	坚硬岩石			每增加 1km
单 位		m³	m³	m³	m³	m³
基 价（元）		**70.38**	**83.51**	**86.66**	**84.57**	**2.81**
其中	人 工 费（元）	5.92	12.23	18.50	17.37	
	材 料 费（元）	0.90	1.09	1.42	1.32	
	机 械 费（元）	63.56	70.19	66.74	65.88	2.81
名 称	单位	数 量				
人工 普通工	工日	0.0740	0.1529	0.2312	0.2171	
计价材料 合金钻头	支	0.0380	0.0460	0.0600	0.0560	
其他材料费	元	0.0200	0.0200	0.0300	0.0300	
机械 履带式推土机 功率 75kW	台班	0.0016	0.0015	0.0014	0.0013	
履带式推土机 功率 90kW	台班	0.0044	0.0044	0.0020	0.0024	
履带式单斗液压挖掘机 斗容量 1m³	台班	0.0147	0.0169	0.0208	0.0202	

定 额 编 号			PGT1-13	PGT1-14	PGT1-15	PGT1-16	PGT1-17
项 目			场地平整石方		基坑石方	沟槽石方	石方运距
			普通岩石	坚硬岩石			每增加 1km
机械	机械式振动压路机 工作质量 15t	台班	0.0075	0.0075	0.0041	0.0034	
	气腿式风动凿岩机	台班	0.0569	0.0715	0.0944	0.0901	
	液压锻钎机 功率 11kW	台班	0.0020	0.0023	0.0030	0.0028	
	磨钎机	台班	0.0078	0.0091	0.0117	0.0111	
	自卸汽车 12t	台班	0.0163	0.0163	0.0073	0.0090	0.0031
	洒水车 4000L	台班	0.0002	0.0002	0.0001	0.0001	
	电动空气压缩机 排气量 10m³/min	台班	0.0273	0.0348	0.0460	0.0439	

第 **2** 章　**基础与地基处理工程**

说　明

1. 本章定额适用于建筑物、构筑物的基础（除围墙、管道基础）与全站地基处理工程。基础梁不含在基础中，按照第 7 章钢筋混凝土结构工程单独计算。

2. 砌筑基础工程包括清理基层、浇制或铺设垫层、砌筑基础、砌筑基础短柱与基础墙、浇制地圈梁、浇制或安装孔洞过梁、浇制混凝土支墩、浇制构造柱柱根、填伸缩缝、钢筋制作与连接、铁件制作与预埋、安拆脚手架等工作内容。

3. 浇制混凝土基础工程包括清理基层、浇制混凝土垫层、浇制基础、浇制或安装孔洞过梁、浇制混凝土支墩、浇制构造柱柱根、制作并安拆杯芯、杯口凿毛、杯口灌浆、铁件制作与预埋、安拆脚手架等工作内容。毛石混凝土基础、素混凝土基础包括钢筋制作与连接工作内容。

4. 设备基础工程包括清理基层、浇制混凝土垫层、浇制基础、预埋螺栓孔、配合安装螺栓固定架、铁件制作与预埋、二次灌浆、安拆脚手架等工作内容。

——变压器基础油池包括砌筑或浇制油池壁与底板、安装油箅子、填放卵石等工作内容，不包括钢格栅。

5. 地基处理编制了常用的地基处理方式定额子目，当工程实际常用特殊的地基处理方式时，参照相应定额执行。地基处理定额不单独计算土方施工费用，不包括特殊防腐费用。

6. 灌注桩工程包括机具准备、成孔、护壁、制作安放钢筋笼、灌注混凝土或碎石或水泥浆、破桩头、场地泥浆排放、整平疏干等工作内容。

（1）人工挖孔灌注桩包括扩孔与入岩开挖、桩孔内照明工作内容。

（2）碎石灌注桩包括安放桩尖、运送碎石、拔管振实工作内容。

7. 水泥搅拌桩工程包括机具准备、成孔、护壁、水泥浆、破桩头、场地泥浆排放、整平疏干等工作内容。

8. 冲孔灰土挤密桩、孔内深层强夯灰土挤密桩，包括机具布置、移动桩机、成孔、填充灰土、清理夯实。

9. 打圆木桩包括制作木桩、安装桩靴及桩箍、准备打桩机具、移动打桩架及轨道、吊装定位、打桩校正、拆卸桩箍、锯桩头、接桩等工作内容。

10. 换填工程包括基坑土方开挖、土方运输、基底夯实、换填材料铺设、密实等工作内容。

工程量计算规则

1. 砌筑石或砖基础按照基础体积计算工程量，基础与墙身、基础与柱均以室内地坪标高分界（不分材料是否相同），基础体积计算基础、基础短柱、基础墙、地圈梁的体积。计算体积时，不扣除含在基础中的过梁、构造柱柱根所占体积，不计算基础垫层、附属在基础上支墩的体积。

2. 浇制混凝土基础按照基础体积计算工程量。基础体积计算基础、基础底板、基础顶板、基础连梁的体积。计算体积时，不扣除含在基础中的过梁、构造柱柱根、杯芯所占体积，不计算基础垫层、附属在基础上支墩的体积。

（1）条形基础与墙身以条形基础顶标高分界。

（2）独立基础与柱以独立基础顶标高分界。

（3）柱在筏梁上生根时，筏形基础与柱以筏梁顶标高分界；柱在筏板上生根时，筏形基础与柱以筏板顶标高分界。

（4）箱形基础与柱以箱形基础顶板顶标高分界。

（5）环形柱基础与柱以基础短柱实心与空心交接处标高分界。

3. 条形基础长度按照建筑轴线长度计算。

4. 设备基础工程按照设备基础体积计算工程量。计算体积时，不扣除螺栓孔所占体积，不计算基础垫层体积。

——变压器基础油池按照变压器基础油池容积计算工程量，计算油池容积时，不扣除设备及其基础、油箅子、卵石等所占的体积。容积=净空高度×净空面积，净空高度为油池底板顶标高至油池壁顶标高，净空面积=油池净空长×油池净空宽，净空为结构尺寸。

5. 预制钢筋混凝土桩按照混凝土体积计算工程量。桩体积=桩截面面积×桩长，桩长为预制桩的实际长度，计算桩尖长度。

6. 灌注桩按照灌注桩体积计算工程量。桩体积=灌注桩设计桩截面面积×桩长，桩长为灌注桩的设计长度，计算桩尖长度；灌注桩截面面积不计算护壁面积。充盈量及超高灌注量综合在定额中，不单独计算。

（1）人工挖孔灌注桩不计算桩底部入岩及扩孔部分混凝土量，该部分费用综合在定额中。

（2）碎石灌注桩不计算满铺部分碎石体积，该部分工程量单独计算，执行换填定额。

（3）冲孔挤密桩、孔内深层强夯灰土挤密桩、水泥搅拌桩按照设计成桩直径计算工程量，不计算扩孔、挤密、充盈增加工程量。

7. 圆木桩按圆木桩体积计算工程量。

8. 换填按照被换填土挖掘前天然密实方计算工程量。换填土基坑的开挖、支护、工作面等增加的工程量综合在定额中，不单独计算。

9. 回填砂按照回填后密实体积计算工程量。

2.1 条 形 基 础

定 额 编 号		PGT2-1	PGT2-2	PGT2-3	PGT2-4	PGT2-5
项 目		砖基础	毛石基础	毛石混凝土基础	素混凝土基础	钢筋混凝土基础
单 位		m³	m³	m³	m³	m³
基 价 (元)		**526.79**	**361.93**	**491.70**	**536.05**	**550.36**
其中	人 工 费 (元)	91.68	72.48	92.17	94.00	98.09
	材 料 费 (元)	427.31	283.42	388.66	430.26	441.76
	机 械 费 (元)	7.80	6.03	10.87	11.79	10.51
名 称	单位	数 量				
人工 普通工	工日	0.4875	0.3688	0.6844	0.6838	0.7126
建筑技术工	工日	0.4746	0.3872	0.3371	0.3540	0.3701
计价材料 铁件 钢筋	kg	0.2200	0.2200	0.2200	0.2200	0.6600
铁件 型钢	kg	0.8800	0.8800	0.8800	0.8800	2.6400
圆钢 φ10 以下	kg	1.9380	1.3260	1.5300	6.1200	
圆钢 φ10 以上	kg	10.3000	6.6950	7.5190		
水泥砂浆 M5	m³	0.2006	0.3537			
防水砂浆	m³	0.0102	0.0102			
现浇混凝土 C15-40 现场搅拌	m³	0.1506	0.0502	0.8308	0.0502	0.1606
现浇混凝土 C25-40 现场搅拌	m³	0.1514	0.1009	0.1009	1.0191	1.0191
隔离剂	kg	0.0603	0.0330	0.2843	0.2928	0.3111

定 额 编 号		PGT2-1	PGT2-2	PGT2-3	PGT2-4	PGT2-5
项 目		砖基础	毛石基础	毛石混凝土基础	素混凝土基础	钢筋混凝土基础
毛石 70~190	m³		1.0098	0.2475		
灰土 2：8	m³	0.0579				
标准砖 240×115×53	千块	0.4454				
石油沥青 30 号	kg	0.3060	0.4080	0.3060	0.3060	
玻纤胎改性沥青卷材（页岩片） 4mm	m²					0.1242
电焊条 J422 综合	kg	0.0568	0.0534	0.0542	0.0472	0.1416
对拉螺栓 M16	kg			0.4229	0.5073	0.5393
镀锌铁丝 综合	kg	0.0372	0.0248	0.0282	0.0528	
聚氯乙烯塑料薄膜 0.5mm	m²	0.3514	0.2439	1.1138	1.1064	0.9656
改性沥青粘结剂	kg					0.0506
改性沥青嵌缝油膏	kg					0.0122
改性沥青乳胶	kg					0.0300
氧气	m³	0.0064	0.0064	0.0064	0.0064	0.0192
乙炔气	m³	0.0028	0.0028	0.0028	0.0028	0.0083
石油液化气	m³					0.0123
防锈漆	kg	0.0022	0.0022	0.0022	0.0022	0.0065
聚氨酯甲料	kg					0.0054
聚氨酯乙料	kg					0.0081

（计价材料）

续表

定 额 编 号			PGT2-1	PGT2-2	PGT2-3	PGT2-4	PGT2-5
项 目			砖基础	毛石基础	毛石混凝土基础	素混凝土基础	钢筋混凝土基础
计价材料	冷底子油 3∶7	kg					0.0286
	水	t	0.2150	0.1367	0.3334	0.3367	0.3966
	通用钢模板	kg	0.9787	0.6407	2.7129	3.9408	3.8481
	木模板	m³	0.0121	0.0073	0.0107	0.0100	0.0072
	麻丝	kg	0.0819	0.1092	0.0819	0.0819	
	其他材料费	元	8.3800	5.5600	7.6200	8.4400	8.6600
机械	电动夯实机 夯击能量 250N·m	台班	0.0053	0.0062	0.0062	0.0062	
	汽车式起重机 起重量 5t	台班	0.0017	0.0011	0.0029	0.0053	0.0051
	汽车式起重机 起重量 8t	台班	0.0002	0.0002	0.0002	0.0001	
	塔式起重机 起重力矩 200kN·m	台班		0.0004	0.0004		
	塔式起重机 起重力矩 2500kN·m	台班				0.0001	0.0001
	载重汽车 5t	台班	0.0082	0.0054	0.0113	0.0104	0.0071
	载重汽车 8t	台班					0.0001
	电动单筒快速卷扬机 10kN	台班	0.0022	0.0021	0.0021	0.0006	0.0006
	电动单筒慢速卷扬机 50kN	台班	0.0006	0.0004	0.0005	0.0019	
	单笼施工电梯 提升质量 (t) 1 提升高度 75m	台班				0.0001	0.0001
	卷扬机架(单笼 5t 以内) 架高 40m 以内	台班	0.0022	0.0021	0.0021	0.0006	0.0006

17

续表

定 额 编 号			PGT2-1	PGT2-2	PGT2-3	PGT2-4	PGT2-5
项 目			砖基础	毛石基础	毛石混凝土基础	素混凝土基础	钢筋混凝土基础
机械	混凝土振捣器（插入式）	台班	0.0170	0.0113	0.0714	0.0799	0.0778
	混凝土振捣器（平台式）	台班	0.0098	0.0033	0.0033	0.0033	0.0104
	钢筋切断机　直径　φ40	台班	0.0011	0.0007	0.0008	0.0005	
	钢筋弯曲机　直径　φ40	台班	0.0055	0.0036	0.0040	0.0028	
	木工圆锯机　直径　φ500	台班	0.0130	0.0077	0.0077	0.0067	0.0040
	摇臂钻床　钻孔直径　φ50	台班	0.0001	0.0001	0.0001	0.0001	0.0002
	交流弧焊机　容量　21kVA	台班	0.0120	0.0108	0.0111	0.0103	0.0257
	对焊机　容量　150kVA	台班	0.0011	0.0007	0.0008		
未计价材料	圆钢　φ10 以下	kg					21.8280
	圆钢　φ10 以上	kg					84.3570

18

2.2 独立基础

定 额 编 号		PGT2-6	PGT2-7	PGT2-8
项 目		毛石混凝土基础	素混凝土基础	钢筋混凝土基础
单 位		m³	m³	m³
基 价 (元)		**463.42**	**524.58**	**566.55**
其中	人 工 费 (元)	80.07	84.10	94.49
	材 料 费 (元)	374.27	428.75	460.19
	机 械 费 (元)	9.08	11.73	11.87
名 称	单位	数 量		
人工 普通工	工日	0.5935	0.6594	0.7280
建筑技术工	工日	0.2936	0.2824	0.3266
计价材料 铁件 钢筋	kg	0.4400	0.6600	1.1000
铁件 型钢	kg	1.7600	2.6400	4.4000
圆钢 φ10 以下	kg	1.0200	1.0200	
圆钢 φ10 以上	kg	5.1500	3.0900	
现浇混凝土 C15-40 现场搅拌	m³	0.9553	0.0602	0.1807
现浇混凝土 C25-40 现场搅拌	m³		1.0292	1.0292
隔离剂	kg	0.2928	0.2268	0.2434
毛石 70~190	m³	0.2774		
电焊条 J422 综合	kg	0.0992	0.1445	0.2360
对拉螺栓 M16	kg	0.4740	0.4692	0.4692

续表

定 额 编 号			PGT2-6	PGT2-7	PGT2-8
项 目			毛石混凝土基础	素混凝土基础	钢筋混凝土基础
计价材料	镀锌铁丝 综合	kg	0.0191	0.0150	
	聚氯乙烯塑料薄膜 0.5mm	m²	0.9751	1.3301	1.3301
	氧气	m³	0.0128	0.0192	0.0320
	乙炔气	m³	0.0056	0.0083	0.0139
	防锈漆	kg	0.0043	0.0065	0.0108
	水	t	0.3611	0.3511	0.4095
	通用钢模板	kg	2.3226	4.0392	4.0392
	木模板	m³	0.0054	0.0053	0.0077
	其他材料费	元	7.3400	8.4100	9.0200
机械	电动夯实机 夯击能量 250N·m	台班	0.0031	0.0031	
	汽车式起重机 起重量 5t	台班	0.0021	0.0052	0.0052
	汽车式起重机 起重量 8t	台班	0.0001	0.0001	
	塔式起重机 起重力矩 2500kN·m	台班	0.0001	0.0001	0.0001
	载重汽车 5t	台班	0.0090	0.0091	0.0071
	载重汽车 8t	台班	0.0001	0.0001	0.0002
	电动单筒快速卷扬机 10kN	台班	0.0006	0.0006	0.0006
	电动单筒慢速卷扬机 50kN	台班	0.0003	0.0003	
	单笼施工电梯 提升质量（t）1 提升高度75m	台班	0.0001	0.0001	0.0001

定 额 编 号			PGT2-6	PGT2-7	PGT2-8
项 目			毛石混凝土基础	素混凝土基础	钢筋混凝土基础
机械	卷扬机架（单笼5t以内） 架高 40m以内	台班	0.0006	0.0006	0.0006
	混凝土振捣器（插入式）	台班	0.0673	0.0785	0.0785
	混凝土振捣器（平台式）	台班	0.0052	0.0039	0.0117
	钢筋切断机 直径 φ40	台班	0.0005	0.0004	
	钢筋弯曲机 直径 φ40	台班	0.0028	0.0018	
	木工圆锯机 直径 φ500	台班	0.0020	0.0015	0.0045
	摇臂钻床 钻孔直径 φ50	台班	0.0001	0.0002	0.0003
	型钢剪断机 剪断宽度 500mm	台班			0.0001
	交流弧焊机 容量 21kVA	台班	0.0188	0.0268	0.0428
	对焊机 容量 150kVA	台班	0.0006	0.0003	
未计价材料	圆钢 φ10以下	kg			7.3440
	圆钢 φ10以上	kg			87.5500

定 额 编 号		PGT2-9	PGT2-10
项 目		杯形基础	筏形基础
单 位		m³	m³
基 价 （元）		**572.98**	**502.80**
其中	人 工 费 （元）	118.68	74.40
	材 料 费 （元）	445.34	420.12
	机 械 费 （元）	8.96	8.28
名 称	单位	数 量	
人工	普通工	工日	0.9453	0.5658
	建筑技术工	工日	0.3879	0.2625
计价材料	铁件 钢筋	kg	0.4400	0.8800
	铁件 型钢	kg	1.7600	3.5200
	板材红白松 二等	m³	0.0130	
	现浇混凝土 C20-20 现场搅拌	m³	0.0183	
	现浇混凝土 C15-40 现场搅拌	m³	0.1506	0.1406
	现浇混凝土 C25-40 现场搅拌	m³	0.9686	1.0090
	隔离剂	kg	0.2296	0.1489
	石油沥青 30号	kg		0.2040
	电焊条 J422 综合	kg	0.0944	0.1888
	对拉螺栓 M16	kg	0.4416	
	镀锌铁丝 综合	kg	0.0869	
	聚氯乙烯塑料薄膜 0.5mm	m²	1.2518	1.8870

定 额 编 号			PGT2-9	PGT2-10
项 目			杯形基础	筏形基础
计价材料	氧气	m³	0.0128	0.0256
	乙炔气	m³	0.0056	0.0111
	防锈漆	kg	0.0043	0.0086
	水	t	0.3817	0.3836
	钢管脚手架 包括扣件	kg	0.0423	
	钢脚手板 50×250×4000	块	0.0014	
	通用钢模板	kg	3.8016	2.4300
	木模板	m³	0.0074	0.0048
	麻丝	kg		0.0546
	其他材料费	元	8.7300	8.2400
机械	汽车式起重机 起重量 5t	台班	0.0048	0.0031
	塔式起重机 起重力矩 2500kN·m	台班		0.0001
	载重汽车 5t	台班	0.0067	0.0040
	载重汽车 6t	台班	0.0002	
	载重汽车 8t	台班	0.0001	0.0001
	电动单筒快速卷扬机 10kN	台班		0.0006
	单笼施工电梯 提升质量（t）1 提升高度75m	台班		0.0001
	卷扬机架（单笼5t以内） 架高 40m以内	台班		0.0006

续表

定 额 编 号			PGT2-9	PGT2-10
项 目			杯形基础	筏形基础
机械	混凝土振捣器（插入式）	台班	0.0766	0.0770
	混凝土振捣器（平台式）	台班	0.0098	0.0091
	木工圆锯机　直径　φ500	台班	0.0043	0.0035
	摇臂钻床　钻孔直径　φ50	台班	0.0001	0.0002
	交流弧焊机　容量　21kVA	台班	0.0171	0.0342
未计价材料	圆钢　φ10 以下	kg	11.5260	20.2980
	圆钢　φ10 以上	kg	69.5250	120.3040

2.3 设 备 基 础

定 额 编 号			PGT2-11	PGT2-12	PGT2-13	PGT2-14
项　　　　目			变压器基础	变压器油池	其他设备基础	
					单体小于 50m³	单体大于 50m³
单　　　位			m³	m³	m³	m³
基　　　价（元）			**562.85**	**457.70**	**560.86**	**541.35**
其中	人　工　费（元）		86.86	100.94	89.05	84.65
	材　料　费（元）		456.18	350.51	452.21	437.13
	机　械　费（元）		19.81	6.25	19.60	19.57
名　　　称		单位	数　　　量			
人工	普通工	工日	0.6466	0.7411	0.6623	0.6381
	建筑技术工	工日	0.3165	0.3752	0.3249	0.3027
计价材料	铁件　钢筋	kg	0.6600	0.2200	0.6600	0.4400
	铁件　型钢	kg	2.6400	0.8800	2.6400	1.7600
	加工铁件　综合	kg		0.0240		
	圆木杉木	m³		0.0002		
	方材红白松　二等	m³		0.0002		
	板材红白松　二等	m³	0.0105	0.0001	0.0026	0.0018
	水泥砂浆　M5	m³		0.0106		
	水泥砂浆　1∶2.5	m³	0.0014	0.0074	0.0032	0.0023
	水泥砂浆　1∶3	m³	0.0021	0.0170	0.0049	0.0035

续表

定 额 编 号			PGT2-11	PGT2-12	PGT2-13	PGT2-14
项 目			变压器基础	变压器油池	其他设备基础	
					单体小于50m³	单体大于50m³
计价材料	素水泥浆	m³	0.0002		0.0004	0.0003
	现浇混凝土 C20-20 现场搅拌	m³	0.0051		0.0030	0.0020
	现浇混凝土 C15-40 现场搅拌	m³	0.0602		0.0803	0.0602
	现浇混凝土 C20-40 现场搅拌	m³	1.0090		1.0090	1.0090
	现浇混凝土 C25-40 现场搅拌	m³		0.3027		
	水工 现浇混凝土 C25-40 现场搅拌	m³		0.0605		
	隔离剂	kg	0.4623	0.1118	0.4681	0.4651
	卵石（滤油）	m³		0.6678		
	标准砖 240×115×53	千块		0.0276		
	电焊条 J422 综合	kg	0.1416	0.0842	0.1416	0.0944
	对拉螺栓 M16	kg		0.1602		
	镀锌铁丝 综合	kg	0.1448	0.1448	0.1448	0.1448
	聚氯乙烯塑料薄膜 0.5mm	m²	3.6780	0.3147	3.7820	3.7820
	氧气	m³	0.0192	0.0200	0.0192	0.0128
	乙炔气	m³	0.0083	0.0076	0.0083	0.0056
	防锈漆	kg	0.0065	0.0022	0.0065	0.0043
	环氧云铁漆	kg		0.0060		
	水	t	0.7080	0.1091	0.7505	0.7403

续表

定额编号			PGT2-11	PGT2-12	PGT2-13	PGT2-14
项目			变压器基础	变压器油池	其他设备基础	
					单体小于 50m³	单体大于 50m³
计价材料	钢管脚手架 包括扣件	kg	0.0705	0.0705	0.0705	0.0705
	支撑钢管及扣件	kg	0.1210	0.1296	0.1246	0.1246
	钢脚手板 50×250×4000	块	0.0024	0.0024	0.0024	0.0024
	木脚手板	m³	0.0001	0.0001	0.0001	0.0001
	通用钢模板	kg	9.8300	1.3626	9.6120	9.6120
	复合木模板	m²		0.0900		
	木模板	m³	0.0103	0.0017	0.0139	0.0135
	其他材料费	元	8.9400	6.8700	8.8700	8.5700
机械	汽车式起重机 起重量 5t	台班	0.0001	0.0027	0.0011	0.0010
	汽车式起重机 起重量 8t	台班	0.0120	0.0005	0.0108	0.0108
	门式起重机 起重量 20t	台班		0.0003		
	塔式起重机 起重力矩 2500kN·m	台班				0.0001
	载重汽车 5t	台班	0.0150	0.0037	0.0148	0.0148
	载重汽车 6t	台班	0.0004	0.0004	0.0004	0.0004
	载重汽车 8t	台班	0.0001	0.0007	0.0001	0.0001
	电动单筒快速卷扬机 10kN	台班				0.0006
	单笼施工电梯 提升质量（t）1 提升高度 75m	台班				0.0001

定 额 编 号			PGT2-11	PGT2-12	PGT2-13	PGT2-14
项 目			变压器基础	变压器油池	其他设备基础	
					单体小于 50m³	单体大于 50m³
机械	卷扬机架（单笼5t以内） 架高 40m以内	台班				0.0006
	混凝土振捣器（插入式）	台班	0.0778	0.0299	0.0775	0.0773
	混凝土振捣器（平台式）	台班	0.0039		0.0052	0.0039
	木工圆锯机 直径 φ500	台班	0.0167	0.0009	0.0209	0.0204
	摇臂钻床 钻孔直径 φ50	台班	0.0002	0.0001	0.0002	0.0001
	交流弧焊机 容量 21kVA	台班	0.0257	0.0086	0.0257	0.0171
	交流弧焊机 容量 30kVA	台班		0.0065		
未计价材料	圆钢 φ10以下	kg	22.4400	49.3680	35.7000	19.3800
	圆钢 φ10以上	kg	28.8400	12.5660	50.7790	19.0550

28

2.4 地 基 处 理

定 额 编 号			PGT2-15	PGT2-16	PGT2-17
项 目			钢筋混凝土方桩	钢筋混凝土灌注桩	
				机械成孔	人工挖孔
单 位			m³	m³	m³
基 价（元）			**1478.53**	**1370.20**	**1280.68**
其中	人 工 费（元）		72.91	218.39	346.94
	材 料 费（元）		1255.03	930.44	872.00
	机 械 费（元）		150.59	221.37	61.74
名 称		单位	数 量		
人工	普通工	工日	0.6767	1.6743	2.4216
	建筑技术工	工日	0.1691	0.7608	1.3803
计价材料	圆钢 φ10 以下	kg		15.7590	10.5060
	圆钢 φ10 以上	kg		89.3010	59.5340
	中厚钢板 12~20	kg	11.9800		
	钢丝绳 φ15 以下	kg			0.0621
	平垫铁 综合	kg	0.0210		
	预埋铁件 综合	kg		0.9098	0.6066
	加工铁件 综合	kg	0.2343	0.3532	0.2728
	板材红白松 二等	m³	0.0021	0.0036	0.0185
	水泥砂浆 1:3	m³			0.0336

续表

定 额 编 号			PGT2-15	PGT2-16	PGT2-17
项 目			钢筋混凝土方桩	钢筋混凝土灌注桩	
				机械成孔	人工挖孔
计价材料	现浇混凝土 C20-20 现场搅拌	m³			0.1423
	现浇混凝土 C20-40 现场搅拌	m³		1.2996	1.2916
	隔离剂	kg			0.0978
	预制钢筋混凝土方桩	m³	1.0100		
	黏土	m³		0.0126	
	标准砖 240×115×53	千块			0.0742
	电焊条 J422 综合	kg	0.3300	0.8703	0.5576
	聚氯乙烯塑料薄膜 0.5mm	m²			0.2331
	水	t		0.8901	0.3142
	其他材料费	元	24.6100	18.2400	17.1000
机械	轮胎式装载机 斗容量 2m³	台班			0.0025
	履带式柴油打桩机 锤重 3.5t	台班	0.0682	0.0330	
	轨道式柴油打桩机 锤重 2.5t	台班	0.0088		
	冲击成孔机	台班		0.1210	
	履带式钻孔机 孔径 φ700	台班		0.0612	
	履带式起重机 起重量 15t	台班	0.0682		
	履带式起重机 起重量 50t	台班		0.0090	0.0060
	汽车式起重机 起重量 8t	台班		0.0105	

定 额 编 号			PGT2-15	PGT2-16	PGT2-17
项 目			钢筋混凝土方桩	钢筋混凝土灌注桩	
				机械成孔	人工挖孔
机械	汽车式起重机 起重量 16t	台班		0.0214	0.0143
	载重汽车 6t	台班			0.0013
	自卸汽车 8t	台班		0.0036	
	自卸汽车 12t	台班			0.0105
	平板拖车组 30t	台班		0.0027	0.0018
	混凝土振捣器（插入式）	台班		0.1581	0.1213
	钢筋切断机 直径 $\phi 40$	台班		0.0082	0.0054
	钢筋弯曲机 直径 $\phi 40$	台班		0.0184	0.0122
	木工圆锯机 直径 $\phi 500$	台班			0.0135
	交流弧焊机 容量 21kVA	台班	0.0420	0.1423	0.0885
	对焊机 容量 75kVA	台班		0.0092	0.0061
	电动空气压缩机 排气量 $10m^3/min$	台班		0.0066	
	吹风机 能力 $4m^3/min$	台班			0.2278

定 额 编 号			PGT2-18	PGT2-19	PGT2-20	PGT2-21	PGT2-22	PGT2-23
项 目			砂灌注桩	碎石灌注桩	冲孔灰土挤密桩	孔内深层强夯灰土挤密桩	水泥搅拌桩	打圆木桩
单 位			m³	m³	m³	m³	m³	m³
基 价（元）			**242.80**	**290.19**	**330.65**	**207.30**	**224.42**	**2172.56**
其中	人 工 费（元）		44.83	66.62	63.25	27.92	39.79	75.33
	材 料 费（元）		128.67	130.63	110.67	110.67	116.56	1951.24
	机 械 费（元）		69.30	92.94	156.73	68.71	68.07	145.99
名 称		单位	数 量					
人工	普通工	工日	0.4161	0.6182	0.5870	0.2241	0.2106	0.6607
	建筑技术工	工日	0.1040	0.1546	0.1468	0.0900	0.2067	0.2025
计价材料	中厚钢板 12~20	kg					0.0588	
	加工铁件 综合	kg			0.4254	0.4254		
	圆木红白松 二等	m³						1.1300
	板材红白松 二等	m³	0.0052	0.0052	0.0072	0.0072		
	普通硅酸盐水泥 42.5	t					0.2459	
	中砂	m³	1.3792					
	碎石 40	m³		1.3792				
	灰土 3：7	m³			1.1872	1.1872		
	水	t			0.2266	0.2266	0.1326	
	打桩用钢套管	kg	0.6180	0.6180				

续表

定　额　编　号			PGT2-18	PGT2-19	PGT2-20	PGT2-21	PGT2-22	PGT2-23
项　　　目			砂灌注桩	碎石灌注桩	冲孔灰土挤密桩	孔内深层强夯灰土挤密桩	水泥搅拌桩	打圆木桩
计价材料	其他材料费	元	2.5200	2.5600	2.1700	2.1700	2.2900	38.2600
机械	轨道式柴油打桩机　锤重　2.5t	台班						0.1010
	振动沉拔桩机　激振力　400kN	台班	0.0505	0.0680				
	冲击成孔机	台班			0.3018			
	履带式起重机　起重量　15t	台班						0.0392
	自卸汽车　12t	台班	0.0012	0.0012	0.0012	0.0012	0.0012	
	机动翻斗车　1t	台班	0.0505	0.0680				
	电动单筒慢速卷扬机　50kN	台班				0.0819		
	电动单筒慢速卷扬机　200kN	台班				0.1186		
	灰浆搅拌机　拌筒容量　400L	台班					0.0437	
	单轴水泥搅拌桩机	台班					0.0437	

定　额　编　号			PGT2-24	PGT2-25	PGT2-26	PGT2-27	PGT2-28	PGT2-29	PGT2-30
项　　　　目			换填土	换填灰土	换填砂	换填碎石	换填毛石混凝土	换填素混凝土	回填砂
单　　　　位			m³	m³	m³	m³	m³	m³	m³
基　　价（元）			**42.73**	**134.57**	**150.02**	**143.20**	**374.77**	**394.70**	**123.67**
其中	人　工　费（元）		32.41	32.41	27.41	29.70	49.10	48.88	9.53
	材　料　费（元）			91.84	113.77	104.08	316.09	336.24	106.68
	机　械　费（元）		10.32	10.32	8.84	9.42	9.58	9.58	7.46
名　　称		单位	数　　　量						
人工	普通工	工日	0.3650	0.3650	0.3187	0.3399	0.5506	0.5487	0.1191
	建筑技术工	工日	0.0289	0.0289	0.0172	0.0226	0.0455	0.0449	
计价材料	板材红白松　二等	m³					0.0140	0.0140	
	现浇混凝土　C15-40　现场搅拌	m³					0.8630	1.0100	
	中砂	m³			1.2910				1.2530
	碎石　40	m³				1.2240			
	毛石　70~190	m³					0.2720		
	灰土　3:7	m³		1.1880					
	水	t			0.9130				0.3000
	通用钢模板	kg					1.9600	1.9600	
	其他材料费	元		1.8000	2.2300	2.0400	6.2000	6.5900	2.0900

34

续表

定　额　编　号			PGT2-24	PGT2-25	PGT2-26	PGT2-27	PGT2-28	PGT2-29	PGT2-30
项　　　目			换填土	换填灰土	换填砂	换填碎石	换填毛石混凝土	换填素混凝土	回填砂
机械	轮胎式装载机　斗容量　2m³	台班	0.0018	0.0018	0.0018	0.0018	0.0018	0.0018	0.0011
	电动夯实机　夯击能量　250N·m	台班	0.0606	0.0606	0.0099	0.0299	0.0037	0.0037	0.0800
	自卸汽车　12t	台班	0.0077	0.0077	0.0077	0.0077	0.0077	0.0077	0.0046
	混凝土振捣器（插入式）	台班					0.0660	0.0660	
未计价材料	土　综合	m³	1.1790						

第 **3** 章 地面与地下设施工程

说　　明

1. 本章定额适用于配电室地下设施、半地下建筑地面、其他建筑物与构筑物的地面工程。

2. 地下设施工程包括地面土层夯实、铺设垫层、抹找平层、做面层与踢脚线（包括柱与设备基础周围）、浇制室内设备基础（非单独计算的室内设备基础）、支墩、楼梯与钢梯基础、地坑、集水坑、沟道与隧道，以及砌筑室内沟道、预埋铁件、浇制室外散水与台阶及坡道、浇制或砌筑室外明沟、安拆脚手架等工作内容；不包括钢盖板、栏杆、爬梯、平台、轨道等金属结构工程，应按照第8章定额另行计算。

——保护室及配电室地下设施定额子目适用于保护室、控制室及配电室的地下设施工程，不包括室内变压器基础、油坑等单独计算的设备基础。

3. 半地下建筑地面工程包括零米标高悬臂板顶面抹找平层、做面层与踢脚线，以及浇制室外散水与台阶及坡道、浇制或砌筑室外明沟、安拆脚手架等工作内容；不包括钢盖板、栏杆、爬梯、平台等金属结构工程，应按照第8章定额另行计算。

4. 复杂地面工程包括地面土层夯实、铺设垫层、抹找平层、做面层与踢脚线（包括柱与设备基础周围）、浇制室内设备基础（非单独计算的室内设备基础）、支墩、地坑、集水坑、沟道与隧道，以及砌筑室内沟道、预埋铁件、浇制室外散水与台阶及坡道、浇制或砌筑室外明沟、安拆脚手架等工作内容；不包括钢盖板、栏杆、爬梯、平台、轨道等金属结构工程，应按照第8章定额另行计算。

——复杂地面是指含设备基础及生产性沟道的建筑物、构筑物的地面。

5. 普通地面工程包括地面土层夯实、铺设垫层、抹找平层、做面层与踢脚线（包括柱周围），以及浇制或砌筑过门地沟、浇制或砌筑采暖与给排水地沟、浇制室外散水与台阶及坡道、浇制或砌筑室外明沟、安拆脚手架等工作内容；不包括钢盖板、栏杆、爬梯、平台等金属结构工程，应按照第 8 章定额另行计算。

——普通地面是指无设备基础及生产沟道的建筑物、构筑物的地面。

6. 地面与地下设施定额中包括建筑物、构筑物外墙外 1m 以内沟道与隧道的费用。超过 1m 的沟道与隧道执行第 10 章相应的定额。

7. 石材面层是指大理石、花岗岩等。

工程量计算规则

　　地下设施与地面根据地面面层材质，按照建筑轴线尺寸面积计算工程量。不扣除设备基础、洞口、地坑、池井、沟道、墙体、柱、零米梁板、地面伸缩缝等所占的面积。

3.1 保护室与配电室地下设施

定 额 编 号			PGT3-1	PGT3-2	PGT3-3	PGT3-4
项 目			保护室地砖面层	保护室环氧砂浆耐磨地面	配电室地砖面层	配电室环氧砂浆耐磨地面
单 位			m²	m²	m²	m²
基 价（元）			**512.33**	**542.95**	**300.26**	**299.01**
其中	人 工 费（元）		110.45	117.26	58.88	62.53
	材 料 费（元）		382.02	405.54	232.96	228.16
	机 械 费（元）		19.86	20.15	8.42	8.32
名 称		单位	数 量			
人工	普通工	工日	0.7012	0.7430	0.3704	0.3936
	建筑技术工	工日	0.4897	0.5209	0.2635	0.2797
计价材料	槽钢　16 号以下	kg			0.0035	0.0035
	铁件　钢筋	kg	1.8480	1.8480	0.9020	0.9020
	铁件　型钢	kg	7.3920	7.3920	3.6080	3.6080
	圆钢　φ10 以下	kg	4.1820	4.3860	1.9380	1.8360
	圆钢　φ10 以上	kg	15.4500	16.3770	6.0770	5.7680
	加工铁件　综合	kg			0.0049	0.0049
	板材红白松　二等	m³	0.0001	0.0001	0.0005	0.0005
	白水泥	t	0.0001		0.0001	
	混合砂浆　M2.5	m³	0.0142	0.0142	0.0229	0.0229

40

定　额　编　号			PGT3-1	PGT3-2	PGT3-3	PGT3-4
项　　　　　目			保护室地砖面层	保护室环氧砂浆耐磨地面	配电室地砖面层	配电室环氧砂浆耐磨地面
计价材料	水泥砂浆　1：1	m³	0.0117	0.0018	0.0157	0.0018
	水泥砂浆　1：2.5	m³		0.0095	0.0011	0.0142
	水泥砂浆　1：3	m³	0.0081	0.0020	0.0121	0.0030
	环氧砂浆 1：0.07：2.4	m³		0.0028		0.0031
	素水泥浆	m³	0.0010	0.0004	0.0014	0.0006
	现浇混凝土　C25-10　现场搅拌	m³			0.0113	0.0113
	现浇混凝土　C30-10　现场搅拌	m³			0.0010	0.0010
	现浇混凝土　C10-40　现场搅拌	m³	0.0988	0.0988	0.0905	0.0905
	现浇混凝土　C15-40　现场搅拌	m³	0.0063	0.0063	0.0063	0.0063
	现浇混凝土　C20-40　现场搅拌	m³	0.3279	0.3279	0.1012	0.1012
	环氧树脂打底料　1：1：0.07：0.15	m³		0.0002		0.0002
	隔离剂	kg	0.1903	0.1903	0.0684	0.0684
	中砂	m³	0.1160	0.1160	0.1160	0.1160
	碎石　50	m³	0.0556	0.0556	0.0896	0.0896
	石油沥青　30 号	kg	0.4696	2.2903	0.4696	0.4696
	石油沥青玛蹄脂	m³	0.0011	0.0011	0.0011	0.0011
	彩釉砖　300×300	m²	0.0213		0.0213	
	瓷质耐磨地砖　300×300	m²	0.4605	0.0525	0.6645	0.0525

续表

定 额 编 号			PGT3-1	PGT3-2	PGT3-3	PGT3-4
项 目			保护室地砖面层	保护室环氧砂浆耐磨地面	配电室地砖面层	配电室环氧砂浆耐磨地面
计价材料	电焊条 J422 综合	kg	0.4109	0.4118	0.2035	0.2032
	镀锌铁丝 综合	kg	0.1827	0.1863	0.1447	0.1432
	钢丝网 φ2.5×25×25	m²	0.4200	0.4200	0.6300	0.6300
	聚氯乙烯塑料薄膜 0.5mm	m²	0.5589	0.5589	0.2785	0.2785
	氧气	m³	0.0537	0.0537	0.0262	0.0262
	乙炔气	m³	0.0234	0.0234	0.0114	0.0114
	防锈漆	kg	0.0182	0.0182	0.0089	0.0089
	酚醛调和漆	kg	0.1034	0.1034	0.0508	0.0508
	冷底子油 3：7	kg		0.2668		
	水	t	0.1840	0.1841	0.1247	0.1247
	钢管脚手架 包括扣件	kg	0.0564	0.0564	0.0564	0.0564
	支撑钢管及扣件	kg	0.6692	0.6692	0.1677	0.1677
	钢脚手板 50×250×4000	块	0.0019	0.0019	0.0019	0.0019
	通用钢模板	kg	4.5426	4.5426	1.1111	1.1111
	木模板	m³	0.0028	0.0028	0.0012	0.0012
	麻丝	kg	0.1257	0.1257	0.1257	0.1257
	砖地模	m²			0.0014	0.0014
	其他材料费	元	7.4900	7.2700	4.5700	3.7400

定 额 编 号			PGT3-1	PGT3-2	PGT3-3	PGT3-4
项 目			保护室地砖面层	保护室环氧砂浆耐磨地面	配电室地砖面层	配电室环氧砂浆耐磨地面
机械	电动夯实机　夯击能量　250N·m	台班	0.0055	0.0055	0.0072	0.0072
	履带式起重机　起重量　25t	台班			0.0001	0.0001
	汽车式起重机　起重量　5t	台班	0.0061	0.0061	0.0025	0.0025
	汽车式起重机　起重量　8t	台班	0.0004	0.0004	0.0003	0.0003
	载重汽车　5t	台班	0.0171	0.0176	0.0056	0.0054
	载重汽车　6t	台班	0.0003	0.0003	0.0003	0.0003
	载重汽车　8t	台班	0.0003	0.0003	0.0001	0.0001
	电动单筒慢速卷扬机　50kN	台班	0.0013	0.0014	0.0006	0.0006
	混凝土振捣器（插入式）	台班	0.0395	0.0395	0.0107	0.0107
	混凝土振捣器（平台式）	台班	0.0071	0.0071	0.0078	0.0078
	钢筋切断机　直径　φ40	台班	0.0017	0.0018	0.0007	0.0007
	钢筋弯曲机　直径　φ40	台班	0.0088	0.0093	0.0036	0.0034
	木工圆锯机　直径　φ500	台班	0.0051	0.0051	0.0020	0.0020
	摇臂钻床　钻孔直径 φ50	台班	0.0004	0.0004	0.0002	0.0002
	型钢剪断机　剪断宽度　500mm	台班	0.0001	0.0001		
	交流弧焊机　容量　21kVA	台班	0.0773	0.0776	0.0391	0.0390
	对焊机　容量　150kVA	台班	0.0017	0.0017	0.0006	0.0006
	电动空气压缩机　排气量　3m³/min	台班	0.0014	0.0014	0.0007	0.0007

3.2 半地下建筑地面

定　额　编　号		PGT3-5	PGT3-6	PGT3-7
项　　　　目		水泥砂浆面层	混凝土面层	地砖面层
单　　　　位		m²	m²	m²
基　价（元）		**36.87**	**40.26**	**61.48**
其中	人　工　费（元）	8.09	8.50	11.17
	材　料　费（元）	28.61	31.58	50.14
	机　械　费（元）	0.17	0.18	0.17
名　　　称	单位	数　　　量		
人工 普通工	工日	0.0540	0.0567	0.0741
建筑技术工	工日	0.0340	0.0357	0.0472
计价材料 槽钢　16号以下	kg	0.0004		
圆钢　φ10以下	kg	0.1020	0.1020	0.1020
圆钢　φ10以上	kg	0.2060	0.2060	0.2060
加工铁件　综合	kg	0.0006		
板材红白松　二等	m³	0.0001	0.0001	0.0001
水泥砂浆　1:1	m³	0.0007	0.0023	0.0071
水泥砂浆　1:2.5	m³	0.0054	0.0019	
水泥砂浆　1:3	m³			0.0002
素水泥浆	m³	0.0002	0.0004	0.0004
现浇混凝土　C30-10　现场搅拌	m³	0.0001		

续表

定 额 编 号			PGT3-5	PGT3-6	PGT3-7
项 目			水泥砂浆面层	混凝土面层	地砖面层
计价材料	现浇混凝土 C20-20 现场搅拌	m³		0.0087	
	现浇混凝土 C10-40 现场搅拌	m³	0.0101	0.0101	0.0193
	现浇混凝土 C15-40 现场搅拌	m³	0.0056	0.0056	0.0056
	现浇混凝土 C20-40 现场搅拌	m³	0.0102	0.0102	0.0102
	隔离剂	kg	0.0016	0.0016	0.0016
	中砂	m³	0.1078	0.1078	0.1078
	石油沥青 30 号	kg	0.4286	0.4286	0.4286
	石油沥青玛蹄脂	m³	0.0010	0.0010	0.0010
	彩釉砖 300×300	m²		0.0190	0.0190
	瓷质耐磨地砖 300×300	m²			0.2414
	电焊条 J422 综合	kg	0.0007	0.0002	0.0002
	镀锌铁丝 综合	kg	0.0013	0.0013	0.0013
	聚氯乙烯塑料薄膜 0.5mm	m²	0.0289	0.0286	0.0286
	水	t	0.0363	0.0362	0.0408
	木模板	m³	0.0003	0.0003	0.0003
	麻丝	kg	0.1147	0.1147	0.1147
	其他材料费	元	0.5600	0.6100	0.9800
机械	电动夯实机 夯击能量 250N·m	台班	0.0021	0.0021	0.0021
	载重汽车 5t	台班	0.0001	0.0001	0.0001

定　额　编　号			PGT3-5	PGT3-6	PGT3-7
项　　　目			水泥砂浆面层	混凝土面层	地砖面层
机械	混凝土振捣器（插入式）	台班	0.0003	0.0003	0.0003
	混凝土振捣器（平台式）	台班	0.0013	0.0023	0.0019
	钢筋弯曲机　直径　$\phi40$	台班	0.0001	0.0001	0.0001
	木工圆锯机　直径　$\phi500$	台班	0.0004	0.0003	0.0003
	交流弧焊机　容量　21kVA	台班	0.0003	0.0001	0.0001

3.3 复 杂 地 面

定 额 编 号			PGT3-8	PGT3-9	PGT3-10	PGT3-11
项 目			水泥砂浆面层	混凝土面层	地砖面层	石材面层
单 位			m²	m²	m²	m²
基 价 （元）			**311.82**	**319.15**	**364.57**	**468.63**
其中	人 工 费 （元）		59.96	60.77	67.30	73.81
	材 料 费 （元）		239.30	245.77	284.90	380.99
	机 械 费 （元）		12.56	12.61	12.37	13.83
名 称		单位	数 量			
人工	普通工	工日	0.3922	0.3987	0.4418	0.5253
	建筑技术工	工日	0.2575	0.2601	0.2879	0.2864
计价材料	槽钢　16号以下	kg	0.0028	0.0028	0.0028	
	铁件　钢筋	kg	1.2540	1.2540	1.2540	1.2540
	铁件　型钢	kg	5.0160	5.0160	5.0160	5.0160
	圆钢　ϕ10以下	kg	2.7540	2.7540	2.6520	2.7540
	圆钢　ϕ10以上	kg	6.6950	6.6950	6.2830	6.6950
	加工铁件　综合	kg	0.0039	0.0039	0.0039	
	板材红白松　二等	m³	0.0007	0.0007	0.0007	0.0007
	白水泥	t			0.0001	0.0001
	混合砂浆　M2.5	m³	0.0171	0.0161	0.0171	0.0171
	水泥砂浆　1:1	m³	0.0008	0.0037	0.0157	0.0008

续表

定　额　编　号		PGT3-8	PGT3-9	PGT3-10	PGT3-11
项　　　　目		水泥砂浆面层	混凝土面层	地砖面层	石材面层
计价材料	水泥砂浆　1：2.5　m³	0.0141	0.0038		0.0127
	水泥砂浆　1：3　m³			0.0111	0.0111
	素水泥浆　m³	0.0006	0.0008	0.0014	0.0011
	现浇混凝土 C25-10 现场搅拌　m³	0.0091	0.0091	0.0091	0.0182
	现浇混凝土 C30-10 现场搅拌　m³	0.0008	0.0008	0.0008	
	现浇混凝土 C20-20 现场搅拌　m³	0.0029	0.0280	0.0029	0.0029
	现浇混凝土 C10-40 现场搅拌　m³	0.0701	0.0701	0.0609	0.0383
	现浇混凝土 C15-40 现场搅拌　m³	0.0063	0.0063	0.0063	0.0288
	现浇混凝土 C20-40 现场搅拌　m³	0.2473	0.2473	0.2473	0.2473
	隔离剂　kg	0.1358	0.1358	0.1358	0.1544
	中砂　m³	0.1160	0.1160	0.1160	0.1160
	碎石　50　m³	0.0669	0.0632	0.0669	0.0669
	石材　30　m²				0.6434
	石油沥青　30 号　kg	0.4696	0.4696	0.4696	0.4696
	石油沥青玛蹄脂　m³	0.0011	0.0011	0.0011	0.0011
	玻纤胎改性沥青卷材（页岩片）4mm　m²	0.0181	0.0181	0.0181	0.0181
	彩釉砖　300×300　m²		0.0329	0.0329	
	瓷质耐磨地砖　300×300　m²			0.6135	
	电焊条　J422　综合　kg	0.2788	0.2788	0.2784	0.2753

48

续表

定 额 编 号			PGT3-8	PGT3-9	PGT3-10	PGT3-11
项 目			水泥砂浆面层	混凝土面层	地砖面层	石材面层
计价材料	镀锌铁丝　综合	kg	0.0950	0.0950	0.0933	0.0950
	橡胶止水带　普通型	m	0.0131	0.0131	0.0131	0.0131
	聚氯乙烯塑料薄膜　0.5mm	m²	0.7656	0.7656	0.7656	0.8016
	改性沥青粘结剂	kg	0.0074	0.0074	0.0074	0.0074
	改性沥青嵌缝油膏	kg	0.0018	0.0018	0.0018	0.0018
	改性沥青乳胶	kg	0.0044	0.0044	0.0044	0.0044
	氧气	m³	0.0364	0.0364	0.0364	0.0364
	乙炔气	m³	0.0158	0.0158	0.0158	0.0158
	石油液化气	m³	0.0018	0.0018	0.0018	0.0018
	防锈漆	kg	0.0123	0.0123	0.0123	0.0123
	酚醛调和漆	kg	0.0698	0.0698	0.0698	0.0698
	聚氨酯甲料	kg	0.0008	0.0008	0.0008	0.0008
	聚氨酯乙料	kg	0.0012	0.0012	0.0012	0.0012
	环氧树脂　E44	kg	0.0004	0.0004	0.0004	0.0004
	冷底子油　3：7	kg	0.0042	0.0042	0.0042	0.0042
	水	t	0.2075	0.2072	0.2029	0.2059
	钢管脚手架　包括扣件	kg	0.0282	0.0282	0.0282	0.0282
	支撑钢管及扣件	kg	0.1950	0.1950	0.1950	0.1950
	钢脚手板　50×250×4000	块	0.0010	0.0010	0.0010	0.0010

续表

定 额 编 号			PGT3-8	PGT3-9	PGT3-10	PGT3-11
项 目			水泥砂浆面层	混凝土面层	地砖面层	石材面层
计价材料	通用钢模板	kg	2.6833	2.6833	2.6833	2.6871
	木模板	m³	0.0026	0.0026	0.0026	0.0030
	麻丝	kg	0.1257	0.1257	0.1257	0.1257
	砖地模	m²	0.0012	0.0012	0.0012	0.0023
	其他材料费	元	4.6900	4.8200	5.5800	7.4700
机械	电动夯实机 夯击能量 250N·m	台班	0.0064	0.0063	0.0064	0.0358
	履带式起重机 起重量 25t	台班	0.0001	0.0001	0.0001	
	汽车式起重机 起重量 5t	台班	0.0026	0.0026	0.0026	0.0035
	汽车式起重机 起重量 8t	台班	0.0020	0.0020	0.0020	0.0020
	载重汽车 5t	台班	0.0088	0.0088	0.0085	0.0088
	载重汽车 6t	台班	0.0002	0.0002	0.0002	0.0002
	载重汽车 8t	台班	0.0002	0.0002	0.0002	0.0002
	电动单筒慢速卷扬机 50kN	台班	0.0009	0.0009	0.0008	0.0009
	混凝土振捣器 (插入式)	台班	0.0227	0.0227	0.0227	0.0227
	混凝土振捣器 (平台式)	台班	0.0063	0.0090	0.0057	0.0067
	钢筋切断机 直径 φ40	台班	0.0008	0.0008	0.0008	0.0008
	钢筋弯曲机 直径 φ40	台班	0.0042	0.0042	0.0040	0.0042
	木工圆锯机 直径 φ500	台班	0.0043	0.0043	0.0043	0.0048
	摇臂钻床 钻孔直径 φ50	台班	0.0003	0.0003	0.0003	0.0003

续表

定 额 编 号			PGT3-8	PGT3-9	PGT3-10	PGT3-11
项 目			水泥砂浆面层	混凝土面层	地砖面层	石材面层
机械	型钢剪断机 剪断宽度 500mm	台班	0.0001	0.0001	0.0001	0.0001
	交流弧焊机 容量 21kVA	台班	0.0529	0.0529	0.0527	0.0514
	对焊机 容量 150kVA	台班	0.0007	0.0007	0.0007	0.0007
	电动空气压缩机 排气量 3m³/min	台班	0.0010	0.0010	0.0010	0.0010

定 额 编 号		PGT3-12	PGT3-13	PGT3-14
项 目		环氧树脂耐磨 自流平涂料面层	环氧砂浆耐磨面层	橡胶地板
单 位		m²	m²	m²
基 价 （元）		**335.46**	**369.17**	**324.46**
其中	人 工 费 （元）	62.56	70.35	62.67
	材 料 费 （元）	260.53	286.45	249.42
	机 械 费 （元）	12.37	12.37	12.37
名 称	单位	数 量		
人工 普通工	工日	0.4100	0.4606	0.4107
建筑技术工	工日	0.2681	0.3018	0.2686
计价材料 槽钢 16 号以下	kg	0.0028	0.0028	0.0028
铁件 钢筋	kg	1.2540	1.2540	1.2540
铁件 型钢	kg	5.0160	5.0160	5.0160
圆钢 φ10 以下	kg	2.6520	2.6520	2.6520
圆钢 φ10 以上	kg	6.2830	6.2830	6.2830
加工铁件 综合	kg	0.0039	0.0039	0.0039
板材红白松 二等	m³	0.0007	0.0007	0.0007
混合砂浆 M2.5	m³	0.0171	0.0171	0.0171
水泥砂浆 1:1	m³	0.0018	0.0018	0.0018
水泥砂浆 1:2.5	m³	0.0119	0.0119	0.0119
水泥砂浆 1:3	m³	0.0025	0.0025	

续表

定 额 编 号			PGT3-12	PGT3-13	PGT3-14
项 目			环氧树脂耐磨自流平涂料面层	环氧砂浆耐磨面层	橡胶地板
计价材料	环氧砂浆 1∶0.07∶2.4	m³		0.0026	
	素水泥浆	m³	0.0005	0.0005	0.0005
	现浇混凝土　C25-10　现场搅拌	m³	0.0091	0.0091	0.0091
	现浇混凝土　C30-10　现场搅拌	m³	0.0008	0.0008	0.0008
	现浇混凝土　C20-20　现场搅拌	m³	0.0029	0.0029	0.0029
	现浇混凝土　C10-40　现场搅拌	m³	0.0609	0.0609	0.0609
	现浇混凝土　C15-40　现场搅拌	m³	0.0063	0.0063	0.0063
	现浇混凝土　C20-40　现场搅拌	m³	0.2473	0.2473	0.2473
	环氧树脂打底料　1∶1∶0.07∶0.15	m³		0.0002	
	隔离剂	kg	0.1358	0.1358	0.1358
	中砂	m³	0.1160	0.1160	0.1160
	碎石　50	m³	0.0669	0.0669	0.0669
	石油沥青　30 号	kg	0.4696	2.1248	0.4696
	石油沥青玛蹄脂	m³	0.0011	0.0011	0.0011
	玻纤胎改性沥青卷材（页岩片）　4mm	m²	0.0181	0.0181	0.0181
	瓷质耐磨地砖　300×300	m²	0.0525	0.0525	0.0525
	电焊条　J422　综合	kg	0.2784	0.2784	0.2784
	镀锌铁丝　综合	kg	0.0933	0.0933	0.0933

续表

定　额　编　号			PGT3-12	PGT3-13	PGT3-14
项　　　目			环氧树脂耐磨 自流平涂料面层	环氧砂浆耐磨面层	橡胶地板
计价材料	塑胶地板卷材　1.5mm	m²			0.6050
	橡胶止水带　普通型	m	0.0131	0.0131	0.0131
	聚氯乙烯塑料薄膜　0.5mm	m²	0.7656	0.7656	0.7656
	粘结剂　通用	kg			0.2475
	改性沥青粘结剂	kg	0.0074	0.0074	0.0074
	改性沥青嵌缝油膏	kg	0.0018	0.0018	0.0018
	改性沥青乳胶	kg	0.0044	0.0044	0.0044
	氧气	m³	0.0364	0.0364	0.0364
	乙炔气	m³	0.0158	0.0158	0.0158
	石油液化气	m³	0.0018	0.0018	0.0018
	防锈漆	kg	0.0123	0.0123	0.0123
	酚醛调和漆	kg	0.0698	0.0698	0.0698
	聚氨酯甲料	kg	0.0008	0.0008	0.0008
	聚氨酯乙料	kg	0.0012	0.0012	0.0012
	环氧树脂　E44	kg	0.0004	0.0004	0.0004
	环氧树脂自流平底漆	kg	0.1100		
	环氧树脂自流平面漆	kg	0.4950		
	环氧树脂自流平中漆	kg	0.4675		

定 额 编 号			PGT3-12	PGT3-13	PGT3-14
项 目			环氧树脂耐磨 自流平涂料面层	环氧砂浆耐磨面层	橡胶地板
计价材料	冷底子油 3：7	kg	0.0042	0.2467	0.0042
	水	t	0.2029	0.2029	0.2029
	钢管脚手架 包括扣件	kg	0.0282	0.0282	0.0282
	支撑钢管及扣件	kg	0.1950	0.1950	0.1950
	钢脚手板 50×250×4000	块	0.0010	0.0010	0.0010
	通用钢模板	kg	2.6833	2.6833	2.6833
	木模板	m³	0.0026	0.0026	0.0026
	麻丝	kg	0.1257	0.1257	0.1257
	砖地模	m²	0.0012	0.0012	0.0012
	其他材料费	元	5.1100	4.9700	4.8900
机械	电动夯实机 夯击能量 250N·m	台班	0.0064	0.0064	0.0064
	履带式起重机 起重量 25t	台班	0.0001	0.0001	0.0001
	汽车式起重机 起重量 5t	台班	0.0026	0.0026	0.0026
	汽车式起重机 起重量 8t	台班	0.0020	0.0020	0.0020
	载重汽车 5t	台班	0.0085	0.0085	0.0085
	载重汽车 6t	台班	0.0002	0.0002	0.0002
	载重汽车 8t	台班	0.0002	0.0002	0.0002
	电动单筒慢速卷扬机 50kN	台班	0.0008	0.0008	0.0008

续表

定 额 编 号			PGT3-12	PGT3-13	PGT3-14
项 目			环氧树脂耐磨自流平涂料面层	环氧砂浆耐磨面层	橡胶地板
机械	混凝土振捣器（插入式）	台班	0.0227	0.0227	0.0227
	混凝土振捣器（平台式）	台班	0.0057	0.0057	0.0057
	钢筋切断机 直径 ϕ40	台班	0.0008	0.0008	0.0008
	钢筋弯曲机 直径 ϕ40	台班	0.0040	0.0040	0.0040
	木工圆锯机 直径 ϕ500	台班	0.0043	0.0043	0.0043
	摇臂钻床 钻孔直径 ϕ50	台班	0.0003	0.0003	0.0003
	型钢剪断机 剪断宽度 500mm	台班	0.0001	0.0001	0.0001
	交流弧焊机 容量 21kVA	台班	0.0527	0.0527	0.0527
	对焊机 容量 150kVA	台班	0.0007	0.0007	0.0007
	电动空气压缩机 排气量 3m³/min	台班	0.0010	0.0010	0.0010

3.4 普通地面

定额编号		PGT3-15	PGT3-16	PGT3-17	PGT3-18
项目		水泥砂浆面层	混凝土面层	地砖面层	石材面层
单位		m²	m²	m²	m²
基 价（元）		**94.07**	**103.21**	**174.22**	**309.29**
其中	人工费（元）	20.33	21.15	31.20	35.56
	材料费（元）	73.20	81.44	142.47	272.53
	机械费（元）	0.54	0.62	0.55	1.20
名称	单位	数量			
人工	普通工	工日	0.1325	0.1395	0.2055	0.2356
	建筑技术工	工日	0.0877	0.0900	0.1330	0.1506
计价材料	槽钢 16号以下	kg	0.0001	0.0001	0.0001	0.0001
	圆钢 φ10以下	kg	0.1020	0.1020	0.1020	0.7140
	圆钢 φ10以上	kg	0.2060	0.2060	0.2060	0.2060
	加工铁件 综合	kg	0.0001	0.0001	0.0001	0.0001
	板材红白松 二等	m³	0.0001	0.0001	0.0001	0.0001
	白水泥	t			0.0001	0.0001
	混合砂浆 M2.5	m³	0.0341	0.0341	0.0341	0.0341
	水泥砂浆 1:1	m³	0.0007	0.0023	0.0192	0.0007
	水泥砂浆 1:2.5	m³	0.0199	0.0051		0.0164
	水泥砂浆 1:3	m³	0.0001	0.0001	0.0162	0.0202

定　额　编　号			PGT3-15	PGT3-16	PGT3-17	PGT3-18
项　　　　　目			水泥砂浆面层	混凝土面层	地砖面层	石材面层
计价材料	素水泥浆	m³	0.0009	0.0010	0.0018	0.0016
	现浇混凝土　C25-10　现场搅拌	m³	0.0002	0.0002	0.0002	0.0002
	现浇混凝土　C20-20　现场搅拌	m³		0.0373		
	现浇混凝土　C10-40　现场搅拌	m³	0.0833	0.0833	0.0833	0.0884
	现浇混凝土　C15-40　现场搅拌	m³	0.0056	0.0056	0.0056	0.0056
	现浇混凝土　C20-40　现场搅拌	m³	0.0124	0.0124	0.0124	0.0449
	隔离剂	kg	0.0033	0.0033	0.0033	0.0166
	中砂	m³	0.1078	0.1078	0.1078	0.1077
	碎石　50	m³	0.1334	0.1334	0.1334	0.1334
	石材　30	m²				0.8310
	石油沥青　30 号	kg	0.4286	0.4286	0.4286	0.4286
	石油沥青玛蹄脂	m³	0.0010	0.0010	0.0010	0.0010
	彩釉砖　300×300	m²		0.0190	0.0190	
	瓷质耐磨地砖　300×300	m²			0.8627	
	电焊条　J422　综合	kg	0.0003	0.0003	0.0003	0.0003
	镀锌铁丝　综合	kg	0.0013	0.0013	0.0013	0.0066
	聚氯乙烯塑料薄膜　0.5mm	m²	0.0332	0.0332	0.0332	0.1265
	水	t	0.0852	0.0852	0.0852	0.0998
	支撑钢管及扣件	kg	0.0047	0.0047	0.0047	0.0703

续表

定 额 编 号			PGT3-15	PGT3-16	PGT3-17	PGT3-18
项 目			水泥砂浆面层	混凝土面层	地砖面层	石材面层
计价材料	通用钢模板	kg	0.0320	0.0320	0.0320	0.3186
	木模板	m³	0.0003	0.0003	0.0003	0.0005
	麻丝	kg	0.1147	0.1147	0.1147	0.1147
	其他材料费	元	1.4300	1.5900	2.7900	5.3400
机械	电动夯实机 夯击能量 250N·m	台班	0.0078	0.0078	0.0083	0.0080
	汽车式起重机 起重量 5t	台班	0.0001	0.0001	0.0001	0.0004
	载重汽车 5t	台班	0.0002	0.0002	0.0002	0.0009
	电动单筒慢速卷扬机 50kN	台班				0.0002
	混凝土振捣器（插入式）	台班	0.0006	0.0006	0.0006	0.0042
	混凝土振捣器（平台式）	台班	0.0061	0.0102	0.0061	0.0064
	钢筋切断机 直径 φ40	台班				0.0001
	钢筋弯曲机 直径 φ40	台班	0.0001	0.0001	0.0001	0.0004
	木工圆锯机 直径 φ500	台班	0.0004	0.0004	0.0004	0.0008
	交流弧焊机 容量 21kVA	台班	0.0001	0.0001	0.0001	0.0003

定 额 编 号		PGT3-19	PGT3-20	PGT3-21
项　　　目		环氧树脂耐磨 自流平涂料面层	环氧砂浆耐磨面层	橡胶地板
单　　　位		m²	m²	m²
基　　价（元）		**140.51**	**189.51**	**144.41**
其中	人　工　费（元）	25.80	38.28	25.57
	材　料　费（元）	114.15	150.67	118.29
	机　械　费（元）	0.56	0.56	0.55
名　　　称	单位	数　　　量		
人工 普通工	工日	0.1682	0.2494	0.1668
建筑技术工	工日	0.1112	0.1651	0.1101
计价材料 槽钢　16号以下	kg	0.0001	0.0001	0.0001
圆钢　φ10以下	kg	0.1020	0.1020	0.1020
圆钢　φ10以上	kg	0.2060	0.2060	0.2060
加工铁件　综合	kg	0.0001	0.0001	0.0001
板材红白松　二等	m³	0.0001	0.0001	0.0001
混合砂浆　M2.5	m³	0.0341	0.0341	0.0341
水泥砂浆　1:1	m³	0.0016	0.0016	0.0016
水泥砂浆　1:2.5	m³	0.0190	0.0190	0.0190
水泥砂浆　1:3	m³	0.0001	0.0001	0.0001
环氧砂浆1:0.07:2.4	m³		0.0041	
素水泥浆	m³	0.0008	0.0008	0.0008

定 额 编 号			PGT3-19	PGT3-20	PGT3-21
项 目			环氧树脂耐磨自流平涂料面层	环氧砂浆耐磨面层	橡胶地板
计价材料	现浇混凝土　C25-10　现场搅拌	m³	0.0002	0.0002	0.0002
	现浇混凝土　C20-20　现场搅拌	m³	0.0041	0.0041	
	现浇混凝土　C10-40　现场搅拌	m³	0.0864	0.0864	0.0864
	现浇混凝土　C15-40　现场搅拌	m³	0.0056	0.0056	0.0056
	现浇混凝土　C20-40　现场搅拌	m³	0.0124	0.0124	0.0124
	环氧树脂打底料　1∶1∶0.07∶0.15	m³		0.0002	
	隔离剂	kg	0.0033	0.0033	0.0033
	中砂	m³	0.1078	0.1078	0.1078
	碎石　50	m³	0.1334	0.1334	0.1334
	石油沥青　30 号	kg	0.4286	3.0768	0.4286
	石油沥青玛蹄脂	m³	0.0010	0.0010	0.0010
	瓷质耐磨地砖　300×300	m²	0.0467	0.0467	0.0467
	橡胶地板卷材　3.0	m²			0.8800
	电焊条　J422　综合	kg	0.0003	0.0003	0.0003
	镀锌铁丝　综合	kg	0.0013	0.0013	0.0013
	聚氯乙烯塑料薄膜　0.5mm	m²	0.0332	0.0332	0.0332
	粘结剂　通用	kg			0.3600
	环氧树脂自流平底漆	kg	0.1760		

续表

定　额　编　号		PGT3-19	PGT3-20	PGT3-21
项　　　　　目		环氧树脂耐磨自流平涂料面层	环氧砂浆耐磨面层	橡胶地板
计价材料	环氧树脂自流平面漆　kg	0.7920		
	环氧树脂自流平中漆　kg	0.7480		
	冷底子油　3∶7　kg		0.3880	
	水　t	0.0867	0.0867	0.0867
	支撑钢管及扣件　kg	0.0047	0.0047	0.0047
	通用钢模板　kg	0.0320	0.0320	0.0320
	木模板　m³	0.0003	0.0003	0.0003
	麻丝　kg	0.1147	0.1147	0.1147
	其他材料费　元	2.2300	2.0200	2.3200
机械	电动夯实机　夯击能量　250N·m　台班	0.0079	0.0080	0.0080
	汽车式起重机　起重量　5t　台班	0.0001	0.0001	0.0001
	载重汽车　5t　台班	0.0002	0.0002	0.0002
	混凝土振捣器（插入式）　台班	0.0006	0.0006	0.0006
	混凝土振捣器（平台式）　台班	0.0071	0.0071	0.0063
	钢筋弯曲机　直径　φ40　台班	0.0001	0.0001	0.0001
	木工圆锯机　直径　φ500　台班	0.0004	0.0004	0.0004
	交流弧焊机　容量　21kVA　台班	0.0001	0.0001	0.0001

第 **4** 章　楼面与屋面工程

说　　明

1. 本章定额适用于建筑物、构筑物的楼面与屋面工程。

2. 楼板定额适用于建筑物、构筑物的楼面板。包括楼板、板下非框架结构的钢筋混凝土梁、平台板、平台梁、楼梯、楼板上支墩、楼板上设备基础、防水沿等的浇制，以及板底抹灰（含混凝土梁）、板底刷涂料、脚手架安拆等工作内容；不包括楼板的钢梁、钢盖板、栏杆、爬梯、钢梯、平台、钢格栅板等金属结构工程，应按照第 8 章定额另行计算。楼梯的栏杆、栏板、扶手综合在定额中，不单独计算。

3. 屋面板工程包括屋面板、屋面板下的非框架结构的钢筋混凝土梁、天沟板、挑檐等的浇制，以及安装无组织屋面排水管、屋面板底与挑檐底抹灰、板底刷涂料等工作内容；不包括屋面板钢梁、钢支柱、屋顶通风器支架、抗风架、栏杆、爬梯、平台等金属结构工程，应按照第 8 章的有关定额另行计算。屋面挑檐宽度与挑檐高度之和大于 1.05m 时，其挑檐按钢筋混凝土悬臂板单独计算。

4. 屋面压型钢板工程包括压型钢板、钢天沟板、排水支吊架等的制作安装及刷油漆，以及压型钢板接头、收头、盖顶等工作内容；不包括钢檩条、钢支柱、钢支架等钢结构制作与安装，应按照第 8 章相应的定额另行计算。在可行性研究初步设计阶段，当设计无法提供钢结构重量时，压型钢板面积可按 26.5kg/m² 计算。

5. 屋面有组织排水工程包括檐沟、水落管、水斗、漏斗、落水口、虹吸装置、支吊架等制作（购置）、安装、刷油漆等工作内容。

6. 屋面保温隔热工程包括屋面隔气、保温隔热、找平等工作内容。

7. 屋面防水工程包括屋面找坡、防水、找平、防护等工作内容。

8. 瓦屋面工程包括铺设挂瓦层、卧瓦层、屋面瓦、屋脊瓦、端头瓦，以及挂角、收边、封檐等工作内容。

9. 屋面架空隔热层工程包括砌筑砖支墩、隔热板制作与安装、抹灰、勾缝等工作内容。

10. 楼面面层工程包括清理基层、抹找平层、做整体面层、铺砌面层与踢脚线等工作内容。定额子目亦适用于混凝土板上抹灰、块料铺砌工程。

11. 天棚吊顶工程包括安装吊顶骨架、灯池制作与安装、安装面层等工作内容。

工程量计算规则

1. 楼板根据结构形式按照面积计算工程量。面积按照楼板铺设部位的建筑轴线尺寸计算，不扣除楼梯间、洞口、支墩、设备基础、伸缩缝等所占的面积。

2. 平屋面板按照建筑轴线尺寸面积计算工程量，不扣除洞口、支墩、设备基础、屋面伸缩缝等所占的面积。挑檐板、天沟板不计算面积。

3. 平压型钢板屋面按照屋面水平投影面积计算工程量，应计算挑檐板、天沟板面积。扣除设备、单个大于 $1m^2$ 的洞口所占的面积，压型钢板接头、收头、盖顶、伸缩缝连接的面积不计算工程量。

4. 平屋面有组织排水、保温隔热、防水、屋面架空隔热层按照建筑轴线尺寸面积计算工程量，不扣除洞口、支墩、设备基础、屋面伸缩缝等所占的面积。挑檐板、天沟板不计算面积。

5. 楼面面层根据楼面面层材质，按照建筑轴线尺寸面积计算工程量，不扣除楼梯间、设备基础、洞口、墙体、柱、楼面伸缩缝等所占的面积。楼板孔洞侧壁、基础顶面与侧壁、楼板轴线外侧梁板面积亦不增加。悬臂结构的梁板平台、楼面按照悬挑面积计算工程量。

6. 天棚吊顶按照天棚吊顶面积计算工程量，不扣除间壁墙、灯池、消防设施、通风孔、检查孔所占的面积。

7. 坡屋面（屋面坡度系数示意图见图 4-1）按照设计尺寸，根据屋面坡度系数表 4-1 中延长系数和隅延尺系数计算工程量。屋面坡度系数见表 4-1。

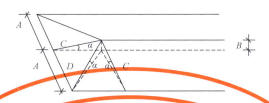

图 4-1　屋面坡度系数示意图

表 4-1　　　　　　　　　　　　　　　　　**屋面坡度系数表**

坡度 B（A＝1）	坡度 B/2A	坡度角度（α）	延长系数 C（A＝1）	隅延尺系数 D（A＝1）
1	$\frac{1}{2}$	45°	1.4142	1.7321
0.75		36°52′	1.25	1.6008
0.7		35°	1.2207	1.5779
0.666	$\frac{1}{3}$	33°40′	1.2015	1.562
0.65		33°01′	1.1926	1.5564
0.6		30°58′	1.1662	1.5362
0.577		30°	1.1547	1.527
0.55		28°49′	1.1403	1.517
0.5	$\frac{1}{4}$	26°34′	1.118	1.5

续表

坡度 B（A=1）	坡度 B/2A	坡度角度（α）	延长系数 C（A=1）	隔延尺系数 D（A=1）
0.45		24°14′	1.0966	1.4839
0.4	$\frac{1}{5}$	21°48′	1.077	1.4697
0.35		19°17′	1.0594	1.4569
0.3		16°42′	1.044	1.4457
0.25		14°02′	1.0308	1.4362
0.2	$\frac{1}{10}$	11°19′	1.0198	1.4283
0.15		8°32′	1.0112	1.4221
0.125		7°8′	1.0078	1.4191
0.1	$\frac{1}{20}$	5°42′	1.0050	1.4177
0.083		4°45′	1.0035	1.4166
0.066	$\frac{1}{30}$	3°49′	1.0022	1.4157

注　1. A 为四坡或两坡屋面 $\frac{1}{2}$ 宽边长度。

　　2. B 为坡屋面脊高。

　　3. C 为延尺系数。

　　4. D 为隔延尺系数。

　　5. α 为坡度夹角。

4.1 楼　板

定　额　编　号		PGT4-1	PGT4-2
项　　目		预制混凝土板	浇制混凝土板
单　　位		m²	m²
基　价（元）		**121.25**	**151.22**
其中	人　工　费（元）	34.98	46.34
	材　料　费（元）	72.36	94.62
	机　械　费（元）	13.91	10.26
名　　称	单位	数　　量	
人工	普通工	工日	0.2243	0.2833
	建筑技术工	工日	0.1535	0.2133
计价材料	槽钢　16号以下	kg	0.0268	
	扁钢　综合	kg	0.2390	0.2390
	铁件　钢筋	kg	0.1540	
	铁件　型钢	kg	0.6160	
	加工铁件　综合	kg	0.0372	
	板材红白松　二等	m³	0.0002	0.0002
	硬木扶手　90×60	m	0.0525	0.0525
	水泥砂浆　1:2	m³	0.0002	
	混合砂浆　1:1:6	m³	0.0130	0.0130
	现浇混凝土　C25-10　现场搅拌	m³	0.0858	

续表

定 额 编 号		PGT4-1	PGT4-2
项 目		预制混凝土板	浇制混凝土板
计价材料	现浇混凝土 C30-10 现场搅拌 m³	0.0074	
	现浇混凝土 C20-20 现场搅拌 m³	0.0005	0.0005
	现浇混凝土 C25-20 现场搅拌 m³		0.1160
	现浇混凝土 C25-40 现场搅拌 m³	0.0200	0.0310
	现浇混凝土 C40-40 现场搅拌 m³	0.0123	0.0213
	隔离剂 kg	0.1624	0.0747
	乳胶漆 kg	0.2781	0.2781
	电焊条 J422 综合 kg	0.0659	
	镀锌铁丝 综合 kg	0.0105	0.0105
	聚氯乙烯塑料薄膜 0.5mm m²	0.4723	0.7384
	过氯乙烯稀释剂 kg		0.0053
	氧气 m³	0.0328	0.0283
	乙炔气 m³	0.0118	0.0099
	防锈漆 kg	0.0206	0.0005
	普通调和漆 kg	0.0023	0.0023
	酚醛调和漆 kg	0.0052	
	普通清漆 kg	0.0001	0.0001
	过氯乙烯漆 综合 kg		0.0250
	过氯乙烯腻子 kg		0.0002

定 额 编 号			PGT4-1	PGT4-2
项 目			预制混凝土板	浇制混凝土板
计价材料	水	t	0.0490	0.0669
	钢管脚手架　包括扣件	kg	0.0751	0.4484
	支撑钢管及扣件	kg	0.1638	0.7702
	钢脚手板　50×250×4000	块	0.0016	0.0016
	木脚手板	m³	0.0001	0.0001
	尼龙编织布	m²	0.0164	0.0164
	通用钢模板	kg	0.1584	0.5225
	复合木模板	m²	0.0336	0.2143
	木模板	m³	0.0031	0.0038
	砖地模	m²	0.0109	
	其他材料费	元	1.4200	1.8500
机械	履带式起重机　起重量　25t	台班	0.0011	
	汽车式起重机　起重量　5t	台班	0.0094	0.0043
	汽车式起重机　起重量　8t	台班	0.0002	0.0002
	塔式起重机　起重力矩　1500kN·m	台班	0.0003	0.0003
	载重汽车　5t	台班	0.0013	0.0055
	载重汽车　6t	台班	0.0004	0.0004
	电动单筒快速卷扬机　10kN	台班	0.0104	0.0104
	卷扬机架（单笼5t以内）架高　40m以内	台班	0.0104	0.0104

定 额 编 号			PGT4-1	PGT4-2
项 目			预制混凝土板	浇制混凝土板
机械	混凝土振捣器（插入式）	台班	0.0039	0.0191
	混凝土振捣器（平台式）	台班	0.0099	0.0003
	木工圆锯机　直径　$\phi500$	台班	0.0045	0.0067
	管子切断机　管径　$\phi150$	台班	0.0042	0.0042
	交流弧焊机　容量　21kVA	台班	0.0277	0.0077
	电动空气压缩机　排气量　$3m^3/min$	台班	0.0003	0.0002
未计价材料	圆钢　$\phi10$ 以下	kg	17.2380	21.5220

4.2 屋 面 板

定 额 编 号			PGT4-3	PGT4-4	PGT4-5	PGT4-6
项 目			压型钢板		预制混凝土板	浇制混凝土板
			有保温	无保温		
单 位			m²	m²	m²	m²
基 价 （元）			**177.11**	**98.86**	**103.59**	**146.57**
其中	人 工 费 （元）		27.04	13.91	33.22	44.38
	材 料 费 （元）		134.59	73.64	59.03	92.96
	机 械 费 （元）		15.48	11.31	11.34	9.23
名 称		单位	数 量			
人工	普通工	工日	0.1123	0.0591	0.1966	0.2564
	建筑技术工	工日	0.1627	0.0827	0.1576	0.2150
计价材料	槽钢 16号以下	kg	1.1116	1.1116	0.0198	
	铁件 钢筋	kg			0.0880	
	铁件 型钢	kg			0.3520	
	薄钢板 4mm以下	kg	1.8788	1.8788		
	镀锌钢板 0.5以下	kg	2.1620			
	压型钢板 0.8	kg	7.7805	7.7805		
	加工铁件 综合	kg	0.0037	0.0037	0.0276	
	板材红白松 二等	m³			0.0002	0.0003
	水泥砂浆 1:2	m³			0.0001	

续表

定　额　编　号			PGT4-3	PGT4-4	PGT4-5	PGT4-6
项　　　目			压型钢板		预制混凝土板	浇制混凝土板
			有保温	无保温		
计价材料	水泥砂浆　1:2.5	m³			0.0011	0.0014
	水泥砂浆　1:3	m³			0.0026	0.0033
	混合砂浆　1:1:4	m³			0.0024	0.0028
	混合砂浆　1:1:6	m³			0.0146	0.0153
	素水泥浆	m³			0.0004	0.0005
	现浇混凝土　C25-10　现场搅拌	m³			0.0565	
	现浇混凝土　C30-10　现场搅拌	m³			0.0055	
	现浇混凝土　C25-20　现场搅拌	m³			0.0157	0.1690
	现浇混凝土　C25-40　现场搅拌	m³			0.0150	
	现浇混凝土　C40-40　现场搅拌	m³			0.0123	
	隔离剂	kg			0.1150	0.0724
	乳胶漆	kg			0.3005	0.3208
	电焊条　J422　综合	kg	0.0723	0.0723	0.0432	
	普通六角螺栓	kg	0.0152	0.0152		
	镀锌铁丝　综合	kg	0.0140	0.0140	0.0116	0.0124
	岩棉板　120~160kg/m³	m³	0.0882			
	聚氯乙烯塑料薄膜　0.5mm	m²	6.9466		0.3979	0.8733
	塑料海绵封条波形	m	0.3360	0.3360		

定 额 编 号		PGT4-3	PGT4-4	PGT4-5	PGT4-6
项 目		压型钢板		预制混凝土板	浇制混凝土板
		有保温	无保温		
计价材料	密封条	m	2.2635	2.2635		
	氧气	m³	0.0192	0.0192	0.0026	
	乙炔气	m³	0.0067	0.0067	0.0011	
	防锈漆	kg			0.0009	
	酚醛调和漆	kg			0.0052	
	环氧云铁漆	kg	0.0017	0.0017		
	水	t			0.0403	0.0814
	钢管脚手架 包括扣件	kg	0.1216	0.1216	0.1382	0.6376
	支撑钢管及扣件	kg			0.2293	0.7099
	钢脚手板 50×250×4000	块	0.0029	0.0029	0.0019	0.0020
	木脚手板	m³	0.0001	0.0001	0.0001	0.0001
	尼龙编织布	m²	0.0213	0.0213	0.0174	0.0187
	通用钢模板	kg			0.1880	0.4500
	复合木模板	m²			0.0547	0.2276
	木模板	m³			0.0019	0.0035
	砖地模	m²			0.0072	
	其他材料费	元	2.6400	1.4400	1.1600	1.8200

续表

定 额 编 号			PGT4-3	PGT4-4	PGT4-5	PGT4-6
项 目			压型钢板		预制混凝土板	浇制混凝土板
			有保温	无保温		
机械	履带式起重机 起重量 15t	台班	0.0004	0.0004		
	履带式起重机 起重量 25t	台班			0.0008	
	履带式起重机 起重量 60t	台班	0.0002	0.0002		
	汽车式起重机 起重量 5t	台班	0.0011	0.0011	0.0068	0.0037
	汽车式起重机 起重量 8t	台班			0.0003	0.0003
	汽车式起重机 起重量 25t	台班	0.0001	0.0001		
	门式起重机 起重量 10t	台班	0.0013	0.0013		
	门式起重机 起重量 20t	台班	0.0001	0.0001		
	塔式起重机 起重力矩 1500kN·m	台班			0.0007	0.0007
	塔式起重机 起重力矩 2500kN·m	台班	0.0009	0.0009		
	载重汽车 4t	台班	0.0126	0.0032		
	载重汽车 5t	台班			0.0018	0.0047
	载重汽车 6t	台班	0.0003	0.0003	0.0002	0.0003
	载重汽车 8t	台班	0.0001	0.0001		
	平板拖车组 10t	台班	0.0008	0.0008		
	电动单筒快速卷扬机 10kN	台班	0.0041	0.0041	0.0043	0.0043
	单笼施工电梯 提升质量（t）1 提升高度 75m	台班	0.0009	0.0009		
	卷扬机架（单笼5t以内） 架高 40m以内	台班	0.0041	0.0041	0.0043	0.0043

76

定 额 编 号		PGT4-3	PGT4-4	PGT4-5	PGT4-6
项 目		压型钢板		预制混凝土板	浇制混凝土板
		有保温	无保温		
机械	混凝土振捣器（插入式）	台班			0.0048	0.0189
	混凝土振捣器（平台式）	台班			0.0063	
	木工圆锯机　直径　φ500	台班			0.0029	0.0067
	摇臂钻床　钻孔直径　φ50	台班	0.0004	0.0004		
	剪板机　厚度×宽度　40mm×3100mm	台班	0.0001	0.0001		
	型钢剪断机　剪断宽度　500mm	台班	0.0003	0.0003		
	型钢调直机	台班	0.0003	0.0003		
	钢板校平机　厚度×宽度　30mm×2600mm	台班	0.0001	0.0001		
	交流弧焊机　容量　21kVA	台班			0.0138	
	交流弧焊机　容量　30kVA	台班	0.0093	0.0093		
	电动空气压缩机　排气量　3m³/min	台班			0.0001	
	电动空气压缩机　排气量　6m³/min	台班	0.0002	0.0002		
未计价材料	圆钢　φ10以下	kg			6.4260	19.1760
	圆钢　φ10以上	kg			7.4160	

4.3 屋面建筑

定 额 编 号			PGT4-7	PGT4-8	PGT4-9	PGT4-10	PGT4-11	PGT4-12	PGT4-13
项 目			屋面						
			有组织外排水	有组织内排水	珍珠岩保温隔热	苯板保温隔热	三元乙丙防水	橡胶卷材防水	细石混凝土刚性防水
单 位			m²	m²	m²	m²	m²	m²	m²
基 价 （元）			**13.44**	**16.60**	**59.30**	**88.82**	**89.00**	**97.57**	**58.66**
其中	人 工 费 （元）		3.30	4.11	8.67	7.45	11.89	18.14	11.57
	材 料 费 （元）		8.84	11.16	49.91	80.65	76.39	78.71	45.56
	机 械 费 （元）		1.30	1.33	0.72	0.72	0.72	0.72	1.53
名 称	单位		数 量						
人工	普通工	工日	0.0218	0.0265	0.0567	0.0489	0.0774	0.1180	0.0677
	建筑技术工	工日	0.0140	0.0179	0.0372	0.0319	0.0513	0.0784	0.0554
计价材料	等边角钢 边长63以下	kg		0.0439					
	圆钢 ϕ10以下	kg							3.9473
	薄钢板 4mm以下	kg		0.0621					
	铸铁箅子板 460×280	个	0.0152	0.0182					
	塑料管卡子 DN100	个	0.2500	0.3000					
	熟铁管箍 DN100	个	0.0625	0.0750					
	方材红白松 二等	m³				0.0050			

续表

定　额　编　号		PGT4-7	PGT4-8	PGT4-9	PGT4-10	PGT4-11	PGT4-12	PGT4-13
项　　　目		屋面						
		有组织外排水	有组织内排水	珍珠岩保温隔热	苯板保温隔热	三元乙丙防水	橡胶卷材防水	细石混凝土刚性防水
计价材料	水泥砂浆　1∶3　　m³			0.0239	0.0239	0.0206	0.0206	0.0206
	素水泥浆　　　　　m³					0.0010	0.0010	0.0031
	炉渣混凝土　CL5.0　m³					0.1872		
	现浇混凝土　C20-10　现场搅拌　m³							0.0516
	水泥炉渣　1∶6　　m³						0.1818	
	石油沥青　30号　　kg			1.7727	1.7727			
	电焊条　J422　综合　kg		0.0027					
	普通六角螺栓　　　kg		0.0005					
	管卡带膨胀螺栓　　套	0.1785	0.2142					
	镀锌铁丝　综合　　kg	0.0052	0.0052	0.0046	0.0046	0.0046	0.0046	0.0266
	水泥珍珠岩　1∶10　m³			0.1404				
	橡胶卷材三元乙丙橡胶　1mm　m²					1.1839		
	橡胶卷材氯化聚乙烯橡胶　1mm　m²						1.1839	
	挤塑聚苯乙烯板（XPS）　20~100mm　m³				0.1020			
	UPVC排水管　φ100×2.6　m	0.2630	0.3156					
	UPVC塑料雨水口　φ100　个	0.0150	0.0180					

定 额 编 号			PGT4-7	PGT4-8	PGT4-9	PGT4-10	PGT4-11	PGT4-12	PGT4-13
项　　　目			屋面						
			有组织外排水	有组织内排水	珍珠岩保温隔热	苯板保温隔热	三元乙丙防水	橡胶卷材防水	细石混凝土刚性防水
计价材料	塑料弯头　DN100	个	0.0150	0.0180					
	UPVC塑料虹吸装置　DN100	个	0.0150	0.0180					
	过氯乙烯稀释剂	kg		0.0009					
	粘结剂　通用	kg					0.4120	0.4120	
	氧气	m³		0.0007					
	乙炔气	m³		0.0003					
	聚氨酯甲料	kg					0.1017	0.1017	
	聚氨酯乙料	kg					0.2220	0.2220	
	过氯乙烯漆　综合	kg		0.0042					
	环氧云铁漆	kg		0.0001					
	冷底子油　3:7	kg			0.4608	0.4608			
	建筑油膏CSPE油膏	kg					0.1530	0.1530	
	水	t						0.0360	
	钢管脚手架　包括扣件	kg	0.0454	0.0454	0.0350	0.0350	0.0350	0.0350	0.0350
	钢脚手板　50×250×4000	块	0.0011	0.0011	0.0008	0.0008	0.0008	0.0008	0.0008
	尼龙编织布	m²	0.0080	0.0080	0.0070	0.0070	0.0070	0.0070	0.0070
	其他材料费	元	0.1400	0.1800	0.9800	1.5800	1.5000	1.5400	0.8900

定 额 编 号			PGT4-7	PGT4-8	PGT4-9	PGT4-10	PGT4-11	PGT4-12	PGT4-13
项 目			屋面						
			有组织外排水	有组织内排水	珍珠岩保温隔热	苯板保温隔热	三元乙丙防水	橡胶卷材防水	细石混凝土刚性防水
机械	汽车式起重机 起重量 8t	台班			0.0001	0.0001	0.0001	0.0001	0.0001
	塔式起重机 起重力矩 1500kN·m	台班			0.0001	0.0001	0.0001	0.0001	0.0001
	塔式起重机 起重力矩 2500kN·m	台班	0.0002	0.0002					
	载重汽车 5t	台班							0.0012
	载重汽车 6t	台班	0.0001	0.0001	0.0001	0.0001	0.0001	0.0001	0.0001
	电动单筒快速卷扬机 10kN	台班	0.0008	0.0008	0.0009	0.0009	0.0009	0.0009	0.0009
	电动单筒慢速卷扬机 50kN	台班							0.0008
	单笼施工电梯 提升质量（t）1 提升高度 75m	台班	0.0002	0.0002					
	卷扬机架（单笼 5t 以内） 架高 40m 以内	台班	0.0008	0.0008	0.0009	0.0009	0.0009	0.0009	0.0009
	钢筋切断机 直径 $\phi40$	台班							0.0002
	钢筋弯曲机 直径 $\phi40$	台班							0.0012
	交流弧焊机 容量 21kVA	台班							0.0007
	交流弧焊机 容量 30kVA	台班		0.0004					

定 额 编 号			PGT4-14	PGT4-15	PGT4-16	PGT4-17
项 目			玻璃钢波纹瓦	琉璃瓦	釉面瓦	屋面
						隔热架空层
单 位			m²	m²	m²	m²
基 价 （元）			**72. 57**	**281. 40**	**215. 36**	**29. 60**
其中	人 工 费 （元）		9.77	37.97	37.97	6.05
	材 料 费 （元）		59.32	236.65	170.61	22.83
	机 械 费 （元）		3.48	6.78	6.78	0.72
名 称		单位	数 量			
人工	普通工	工日	0.0450	0.2455	0.2455	0.0396
	建筑技术工	工日	0.0556	0.1651	0.1651	0.0260
计价材料	圆钢　φ10 以下	kg		1.1220	1.1220	
	镀锌钢板　0.5 以下	kg	0.1846	0.1846	0.1846	
	加工铁件　综合	kg	0.0221	0.0221	0.0221	
	水泥砂浆　M10	m³				0.0010
	混合砂浆　M5	m³				0.0020
	水泥砂浆　1：2	m³	0.0030	0.0220	0.0220	
	混凝土隔热板　500×500×30	块				4.1306
	标准砖　240×115×53	千块				0.0067
	琉璃瓦片	块		48.6000		
	琉璃瓦筒	块		23.1000		
	釉面瓦片	块			11.6700	

续表

定 额 编 号			PGT4-14	PGT4-15	PGT4-16	PGT4-17
项 目			玻璃钢波纹瓦	琉璃瓦	釉面瓦	屋面
						隔热架空层
计价材料	釉面瓦筒	块			4.7290	
	石油沥青玛蹄脂	m³		0.0037	0.0037	
	沥青玻璃布油毡	m²		1.3416	1.3416	
	镀锌瓦钩	套	2.0120			
	镀锌铁丝 综合	kg	0.0105	0.0260	0.0260	0.0046
	玻璃钢波纹瓦 综合	m²	1.2510			
	玻璃钢脊瓦	m²	0.1200			
	冷底子油 3:7	kg		0.5420	0.5420	
	建筑油膏 CSPE 油膏	kg		0.1677	0.1677	
	钢管脚手架 包括扣件	kg	0.0751	0.1231	0.1231	0.0350
	钢脚手板 50×250×4000	块	0.0016	0.0026	0.0026	0.0008
	木脚手板	m³	0.0001	0.0001	0.0001	
	尼龙编织布	m²	0.0164	0.0245	0.0245	0.0070
	其他材料费	元	1.1600	4.6400	3.3400	0.4500
机械	汽车式起重机 起重量 8t	台班	0.0002	0.0002	0.0002	0.0001
	塔式起重机 起重力矩 200kN·m	台班		0.0017	0.0017	
	塔式起重机 起重力矩 1500kN·m	台班	0.0003	0.0004	0.0004	0.0001
	载重汽车 5t	台班		0.0005	0.0005	

定 额 编 号			PGT4-14	PGT4-15	PGT4-16	PGT4-17
项 目			玻璃钢波纹瓦	琉璃瓦	釉面瓦	屋面
						隔热架空层
机械	载重汽车 6t	台班	0.0002	0.0003	0.0003	0.0001
	电动单筒快速卷扬机 10kN	台班	0.0097	0.0107	0.0107	0.0009
	电动单筒慢速卷扬机 50kN	台班		0.0004	0.0004	
	卷扬机架（单笼5t以内） 架高 40m以内	台班	0.0097	0.0107	0.0107	0.0009
	钢筋切断机 直径 $\phi40$	台班		0.0001	0.0001	
	钢筋弯曲机 直径 $\phi40$	台班		0.0005	0.0005	
	交流弧焊机 容量 21kVA	台班		0.0003	0.0003	

4.4 楼面面层

定 额 编 号			PGT4-18	PGT4-19	PGT4-20	PGT4-21	PGT4-22
项 目			水泥砂浆面层	地砖面层	石材面层	防静电地板	木地板面层
单 位			m²	m²	m²	m²	m²
基 价（元）			**26.98**	**100.57**	**232.27**	**286.84**	**102.08**
其中	人 工 费（元）		8.85	16.60	16.07	29.49	11.98
	材 料 费（元）		17.41	83.25	215.48	256.63	89.37
	机 械 费（元）		0.72	0.72	0.72	0.72	0.73
名 称		单位	数 量				
人工	普通工	工日	0.0559	0.1081	0.1048	0.1919	0.0782
	建筑技术工	工日	0.0394	0.0716	0.0692	0.1274	0.0516
计价材料	镀锌扁钢 综合	kg				4.4792	
	铸铁托架（活动地板用）	付				1.3094	
	方材红白松 二等	m³					0.0005
	白水泥	t		0.0001	0.0001		
	水泥砂浆 1:1	m³	0.0020	0.0199			
	水泥砂浆 1:2.5	m³	0.0204		0.0183		
	水泥砂浆 1:3	m³	0.0178	0.0178	0.0266	0.0178	0.0178
	素水泥浆	m³	0.0019	0.0019	0.0018	0.0009	0.0009
	石材 30	m²			0.9300		
	彩釉砖 300×300	m²	0.0237	0.0237			

85

续表

定 额 编 号			PGT4-18	PGT4-19	PGT4-20	PGT4-21	PGT4-22
项 目			水泥砂浆面层	地砖面层	石材面层	防静电地板	木地板面层
计价材料	瓷质耐磨地砖　300×300	m²		0.9105			
	防静电地板　500×500×30	m²				0.8976	
	复合地板	m²					0.8976
	木踢脚线	m					0.1638
	防静电踢脚线	m				0.1591	
	镀锌铁丝　综合	kg	0.0052	0.0052	0.0052	0.0052	0.0052
	聚氨酯甲料	kg	0.1104	0.1104	0.1104		
	钢管脚手架　包括扣件	kg	0.0454	0.0454	0.0454	0.0454	0.0454
	钢脚手板　50×250×4000	块	0.0011	0.0011	0.0011	0.0011	0.0011
	尼龙编织布	m²	0.0080	0.0080	0.0080	0.0080	0.0080
	泡沫防潮纸	m²					0.9680
	其他材料费	元	0.3400	1.6300	4.2300	5.0300	1.7500
机械	汽车式起重机　起重量　8t	台班	0.0001	0.0001	0.0001	0.0001	0.0001
	塔式起重机　起重力矩　1500kN·m	台班	0.0001	0.0001	0.0001	0.0001	0.0001
	载重汽车　6t	台班	0.0001	0.0001	0.0001	0.0001	0.0001
	电动单筒快速卷扬机　10kN	台班	0.0009	0.0009	0.0009	0.0009	0.0009
	卷扬机架（单笼5t以内）架高　40m以内	台班	0.0009	0.0009	0.0009	0.0009	0.0009
	木工圆锯机　直径　φ500	台班					0.0003

定 额 编 号		PGT4-23	PGT4-24	PGT4-25
项 目		环氧树脂耐磨自流平涂料面层	环氧砂浆耐磨面层	橡胶地板
单 位		m²	m²	m²
基 价（元）		**62.27**	**103.89**	**38.99**
其中	人 工 费（元）	9.92	22.48	9.48
	材 料 费（元）	51.63	80.69	28.79
	机 械 费（元）	0.72	0.72	0.72
名 称	单位	数 量		
人工 普通工	工日	0.0649	0.1464	0.0620
建筑技术工	工日	0.0426	0.0970	0.0407
计价材料 水泥砂浆 1:1	m³	0.0020	0.0020	0.0020
水泥砂浆 1:3	m³	0.0266	0.0266	0.0222
环氧砂浆 1:0.07:2.4	m³		0.0045	
素水泥浆	m³	0.0010	0.0010	0.0010
环氧树脂打底料 1:1:0.07:0.15	m³		0.0003	
彩釉砖 300×300	m²	0.0237	0.0237	0.0237
镀锌铁丝 综合	kg	0.0052	0.0052	0.0052
塑胶地板卷材 1.5mm	m²			0.9680
粘结剂 通用	kg			0.3960
聚氨酯甲料	kg	0.1104	0.1104	
环氧树脂自流平底漆	kg	0.1936		

续表

定 额 编 号			PGT4-23	PGT4-24	PGT4-25
项 目			环氧树脂耐磨 自流平涂料面层	环氧砂浆耐磨面层	橡胶地板
计价材料	环氧树脂自流平面漆	kg	0.8712		
	环氧树脂自流平中漆	kg	0.8228		
	钢管脚手架 包括扣件	kg	0.0454	0.0454	0.0454
	钢脚手板 50×250×4000	块	0.0011	0.0011	0.0011
	尼龙编织布	m²	0.0080	0.0080	0.0080
	其他材料费	元	1.0100	0.5100	0.5700
机械	汽车式起重机 起重量 8t	台班	0.0001	0.0001	0.0001
	塔式起重机 起重力矩 1500kN·m	台班	0.0001	0.0001	0.0001
	载重汽车 6t	台班	0.0001	0.0001	0.0001
	电动单筒快速卷扬机 10kN	台班	0.0009	0.0009	0.0009
	卷扬机架（单笼5t以内） 架高 40m以内	台班	0.0009	0.0009	0.0009

4.5 天棚吊顶

定额编号			PGT4-26	PGT4-27	PGT4-28	PGT4-29
项目			木龙骨	轻钢龙骨	铝合金龙骨	PVC 板面层
单位			m²	m²	m²	m²
基价（元）			**73.68**	**62.36**	**47.03**	**34.45**
其中	人工费（元）		22.80	13.76	14.69	10.07
	材料费（元）		47.13	43.99	27.41	23.56
	机械费（元）		3.75	4.61	4.93	0.82
名称		单位	数量			
人工	普通工	工日	0.0899	0.0632	0.0660	0.0311
	建筑技术工	工日	0.1406	0.0784	0.0848	0.0683
计价材料	圆钢 φ10 以上	kg		0.5200	0.6200	
	加工铁件 综合	kg	0.0702	0.0721	0.0871	
	方材红白松 一等	m³	0.0186			
	轻钢吊顶龙骨 U38×12×1.2	m			0.6688	
	轻钢吊顶大龙骨 U50×15×1.5	m		0.6318		
	轻钢吊顶中龙骨 U50×20×0.6	m		4.8249		
	轻钢大龙骨 U60×30×1.5	m		0.6758	0.6688	
	轻钢龙骨主接件	个		0.2600	0.5800	
	轻钢龙骨次接件	个		0.3200		
	轻钢大龙骨垂直吊挂件	个		0.6650	1.5600	

定 额 编 号			PGT4-26	PGT4-27	PGT4-28	PGT4-29
项　　目			木龙骨	轻钢龙骨	铝合金龙骨	PVC 板面层
计价材料	轻钢中龙骨垂直吊挂件	个		1.2750		
	轻钢中龙骨平面连接件	个		4.0800		
	铝合金吊顶中龙骨　T30.5	m			2.1099	
	铝合金吊顶龙骨次接件	个			0.3100	
	铝合金吊顶中龙骨垂直吊挂件	个			5.0250	
	铝合金吊顶中龙骨平面连接件	个			0.6350	
	PVC 条形天花板　宽180mm	m²				1.0750
	PVC 阴阳角线　30×30	m				1.1612
	电焊条　J422　综合	kg	0.0091	0.0121	0.0128	
	镀锌铁丝　综合	kg	0.2948	0.2948	0.2948	0.0052
	防火漆	kg	0.1776			
	钢管脚手架　包括扣件	kg	0.1863	0.1863	0.1863	0.0454
	钢脚手板　50×250×4000	块	0.0059	0.0059	0.0059	0.0011
	木脚手板	m³	0.0001	0.0001	0.0001	
	尼龙编织布	m²	0.0080	0.0080	0.0080	0.0080
	其他材料费	元	0.9200	0.8600	0.5400	0.4600
机械	汽车式起重机　起重量　8t	台班	0.0001	0.0001	0.0001	0.0001
	塔式起重机　起重力矩　1500kN·m	台班	0.0001	0.0001	0.0001	0.0001
	载重汽车　6t	台班	0.0008	0.0008	0.0008	0.0001

续表

定 额 编 号			PGT4-26	PGT4-27	PGT4-28	PGT4-29
项 目			木龙骨	轻钢龙骨	铝合金龙骨	PVC 板面层
机械	电动单筒快速卷扬机　10kN	台班	0.0009	0.0009	0.0009	0.0009
	卷扬机架（单笼 5t 以内）　架高　40m 以内	台班	0.0009	0.0009	0.0009	0.0009
	木工圆锯机　直径　φ500	台班	0.0010			
	木工多用机床	台班				0.0040
	交流弧焊机　容量　21kVA	台班	0.0006	0.0009	0.0009	
	电动空气压缩机　排气量　3m³/min	台班	0.0060			
	砂轮切割机　直径　φ400	台班		0.0291	0.0345	
	冲击钻	台班	0.0263	0.0263	0.0264	

定 额 编 号			PGT4-30	PGT4-31	PGT4-32	PGT4-33	PGT4-34
项 目			石膏板面层	铝塑板面层	矿棉板面层	细木工板面层	胶合板
单 位			m²	m²	m²	m²	m²
基 价 （元）			**25.94**	**97.38**	**37.65**	**55.16**	**25.95**
其中	人 工 费 （元）		6.38	9.71	6.71	10.31	4.02
	材 料 费 （元）		18.84	86.82	30.22	43.79	21.21
	机 械 费 （元）		0.72	0.85	0.72	1.06	0.72
名 称		单位	数 量				
人工	普通工	工日	0.0202	0.0300	0.0211	0.0532	0.0132
	建筑技术工	工日	0.0429	0.0659	0.0452	0.0545	0.0267
计价材料	胶合板五层 5mm	m²					1.0500
	细木工板	m²				1.0500	
	铝塑板双面 1220×2440×3	m²		1.0750			
	石膏板 12mm	m²	1.0500				
	矿棉板	m²			1.0500		
	镀锌铁丝 综合	kg	0.0052	0.0052	0.0052	0.2948	0.0052
	钢管脚手架 包括扣件	kg	0.0454	0.0454	0.0454	0.1863	0.0454
	钢脚手板 50×250×4000	块	0.0011	0.0011	0.0011	0.0059	0.0011
	木脚手板	m³				0.0001	
	尼龙编织布	m²	0.0080	0.0080	0.0080	0.0080	0.0080
	其他材料费	元	0.3700	1.7000	0.5900	0.8600	0.4200

定　额　编　号			PGT4-30	PGT4-31	PGT4-32	PGT4-33	PGT4-34
项　　　　　目			石膏板面层	铝塑板面层	矿棉板面层	细木工板面层	胶合板
机械	汽车式起重机　起重量　8t	台班	0.0001	0.0001	0.0001	0.0001	0.0001
	塔式起重机　起重力矩　1500kN·m	台班	0.0001	0.0001	0.0001	0.0001	0.0001
	载重汽车　6t	台班	0.0001	0.0001	0.0001	0.0008	0.0001
	电动单筒快速卷扬机　10kN	台班	0.0009	0.0009	0.0009	0.0009	0.0009
	卷扬机架（单笼5t以内）　架高　40m以内	台班	0.0009	0.0009	0.0009	0.0009	0.0009
	木工多用机床	台班		0.0050			

第 **5** 章　墙体工程

说　　明

1. 本章定额适用于建筑物和构筑物的内墙、外墙、隔断墙、墙体装饰工程。围墙、防火墙工程执行第 10 章相应的定额。墙体工程中不包括门窗安装，应按照第 6 章相应的定额另行计算。当墙体中的雨篷悬挑宽度大于 1.2m 时，按照悬臂板定额另行计算。

2. 砌体外墙工程包括外墙墙体、墙垛、扶壁柱、腰线、通风道、窗台虎头砖、压顶线、山墙泛水、门窗套等的砌筑，以及墙体抹防潮层、砌钢筋砖过梁、钢筋混凝土过梁的浇制或预制与安装、埋砌体加固钢筋、浇制圈梁、浇制构造柱、浇制门框、浇制雨篷、浇制压顶、穿墙套板的浇制或预制与安装、预埋铁件、安拆脚手架等工作内容。加气混凝土与空心砖及苯板砌体等砌体外墙工程包括门窗洞口处、拉结钢筋处、女儿墙处等的实心砖砌筑及防开裂钢丝网敷设等工作内容。

3. 金属墙板、铝镁锰复合板工程包括墙板制作与安装及刷油漆、墙板接头与收头、砌筑或浇制女儿墙、穿墙套板预制与安装，以及浇制混凝土压顶、雨篷、门框等工作内容；不包括金属墙板与主体工程连接的钢结构制作与安装，按照第 8 章墙架定额另行计算。在可行性研究及初步设计阶段，当设计无法提供钢结构重量时，有保温金属墙板面积按照 $20kg/m^2$ 计算，无保温金属墙板面积按照 $17.5kg/m^2$ 计算。

4. 预制轻骨料混凝土墙板定额适用于建筑物与构筑物的外墙工程。定额包括轻骨料混凝土墙板预制与安装、墙板填缝、填伸缩缝、预埋铁件、砌筑或浇制女儿墙、穿墙套板预制安装，以及浇制混凝土门框、压顶、雨篷等工作内容。

5. 砌体内墙工程包括内墙墙体、墙垛、扶壁柱、通风道的砌筑，以及墙体抹防潮层、砌钢筋砖过梁、钢筋混凝土过梁的浇制或预制与安装、埋砌体加固钢筋、浇制圈梁、浇制构造柱、预埋铁件、安拆脚手架等工作内容。加气混凝土与空心砖及苯板砌体等砌体内墙工程包括门窗洞口处、拉结钢筋处等的实心砖砌筑及防开裂钢丝网敷设等工作内容。

6. 隔断墙工程包括隔断墙制作与安装、木制结构刷油漆、水泥板隔断墙装饰等工作内容。

7. 墙体装饰工程中块料面层、饰面板部分，不包括墙面清理、墙面基层与底层抹灰，参照相应定额另行计算。其他墙体装饰包括墙面清理、墙面基层与底层抹灰、装饰面层、刷油漆面等工作内容。

8. 屏蔽网包括清理基层、挂屏蔽网等工作内容。

工程量计算规则

1. 砌体外墙按照砌体体积计算工程量。外墙长度按照建筑轴线尺寸长度计算，外墙墙高：有女儿墙建筑从室内地坪（相当于零米）标高计算至女儿墙顶标高（不包括抹灰高度）；无女儿墙建筑从室内地坪（相当于零米）标高（有基础梁的从基础梁顶标高）计算至檐口板顶标高（不包括抹灰高度）。墙体厚度按照设计墙厚计算，标准实心砖墙厚按照表 5-1 计算。墙垛计算砌体工程量，通风道、腰线、窗台虎头砖、压顶线、山墙泛水、门窗套等砌体不计算工程量。扣除门窗及单个面积大于 $1m^2$ 洞口所占的体积，不扣除钢筋砖过梁、过梁、砌体加固钢筋、圈梁、构造柱、雨篷梁、压顶、穿墙套板、框架或结构梁柱等所占的体积。加气混凝土与空心砖及苯板砌体等砌体外墙不单独计算实心砖砌体工程量。

表 5-1　　　　　　　　　　　　标准实心砖厚度取定表　　　　　　　　　　单位：mm

墙厚度	$\frac{1}{4}$ 砖	$\frac{1}{2}$ 砖	$\frac{3}{4}$ 砖	1 砖	$1\frac{1}{2}$ 砖	2 砖	$2\frac{1}{2}$ 砖
计算厚度	53	115	180	240	365	490	615

2. 金属墙板、铝镁锰复合墙板按照其墙体垂直投影面积计算工程量，扣除门窗及单个面积大于 $1m^2$ 洞口所占的面积，不扣除混凝土构件、穿墙套板等所占的面积，墙板接头与收头面积不计算工程量。女儿墙计算面积，并入墙板工程中；挑檐、天沟不计算面积。

3. 预制轻骨料混凝土墙板按照其墙板体积计算工程量，扣除门窗及单个面积大于 $1m^2$ 洞口所占的体积，不扣除混凝土构件、穿墙套板等所占的体积。女儿墙按照墙板厚度计算体积，并入预制墙板工程量中；挑檐、天沟不计算体积。

4. 砌体内墙按照砌体体积计算工程量。内墙长度按照建筑轴线尺寸长度计算，内墙墙高：屋架下边的内墙从室内地坪标高（有基础梁的从基础梁顶标高）计算至屋架下弦底标高；多层建筑有楼板分层的内墙从室内地坪标高计算至楼板底标高；梁下边的内墙从室内地坪标高（有基础梁的从基础梁顶标高）计算至梁底标高。墙体厚度按照设计墙厚计算，标准实心砖按照表 5-1 计算。墙垛计算砌体工程量。扣除门窗及单个大于 $1m^2$ 洞口所占的体积，不扣除钢筋砖过梁、过梁、砌体加固钢筋、圈梁、构造柱、通风道、框架或结构梁柱等所占的体积。加气混凝土与空心砖及苯板砌体等砌体内墙不单独计算实心砖砌体工程量。

5. 隔断墙按照隔断墙面积计算工程量，扣除门窗及单个面积大于 $1m^2$ 洞口所占的面积，隔断墙上门窗面积根据材质另行计算。

6. 墙体装饰分装饰材质按照装饰面积计算工程量。扣除门窗及单个面积大于 $1m^2$ 洞口所占的面积。

——内墙装饰长度按照建筑轴线尺寸长度计算。内墙装饰高：屋架下边的内墙从室内地坪标高计算至屋架下弦底标高；建筑有楼板分层的内墙从室内地坪标高计算至楼板底标高；有天棚吊顶的内墙从室内地坪标高计算至天棚底标高加 100mm。

——外墙装饰长度按照建筑轴线尺寸长度计算。外墙装饰高：有女儿墙建筑从室外地坪标高计算至女儿墙顶标高（不包括抹灰高度）；无女儿墙建筑从室外地坪标高计算至檐口板顶标高（不包括抹灰高度）。

——挑檐宽度与挑檐高度之和大于 1.05m，雨篷悬挑宽度大于 1.2m 时，计算装饰工程量，分材质并入墙体装饰工程量中。

——门窗洞口的侧壁、窗台、门窗套、窗台虎头砖、外墙腰线、压顶线、山墙泛水、女儿墙内侧等抹灰不计算工程量。

——嵌入墙体混凝土构件抹灰不单独计算；突出墙面梁、柱、壁柱、墙垛不计算工程量。

——独立柱、支架按照展开面积计算装饰工程量。

——块料面层、铝塑板饰面、木饰板、纤维复合板工程量按照设计尺寸的实贴（挂）面积计算工程量。门窗洞口、孔洞等开口部分的侧面面积并入墙体装饰工程量内。

7. 屏蔽网，按照铺设屏蔽网面积计算工程量，扣除门窗及单个大于 $1m^2$ 洞口所占的面积。水平面与垂直面相交重叠部分不重复计算面积。

5.1 外　墙

定　额　编　号		PGT5-1	PGT5-2	PGT5-3
项　　目		保温金属墙板	无保温金属墙板	铝镁锰复合板
单　　位		m²	m²	m²
基　价（元）		**214.77**	**126.39**	**414.75**
其中	人　工　费（元）	42.69	25.90	25.17
	材　料　费（元）	135.25	72.13	355.00
	机　械　费（元）	36.83	28.36	34.58
名　　称	单位	数　　　量		
人工 普通工	工日	0.2147	0.1388	0.1429
建筑技术工	工日	0.2299	0.1333	0.1238
计价材料 圆钢　φ10以下	kg	0.9180	0.9180	0.9180
镀锌钢板　0.5以下	kg	3.3000		
压型钢板　0.8	kg	7.4100	7.4100	
水泥砂浆　M5	m³	0.0010	0.0010	0.0010
现浇混凝土　C20-20　现场搅拌	m³	0.0101	0.0101	0.0101
隔离剂	kg	0.0032	0.0032	0.0032
标准砖　240×115×53	千块	0.0021	0.0021	0.0021
石油沥青　30号	kg	0.0102	0.0102	0.0102
膨胀螺栓　M12	套			1.2500
镀锌铁丝　综合	kg	0.0699	0.0522	0.0765

定额编号			PGT5-1	PGT5-2	PGT5-3
项目			保温金属墙板	无保温金属墙板	铝镁锰复合板
计价材料	岩棉板 120~160kg/m³	m³	0.0840		
	聚氯乙烯塑料薄膜 0.5mm	m²	1.0529	0.0429	0.0429
	塑料海绵封条波形	m	0.3200	0.3200	
	密封条	m	2.3540	2.3540	
	水	t	0.0115	0.0115	0.0115
	钢管脚手架 包括扣件	kg	0.9303	0.6645	0.9870
	钢脚手板 50×250×4000	块	0.0125	0.0089	0.0138
	木脚手板	m³	0.0004	0.0003	0.0005
	尼龙编织布	m²	0.1050	0.0750	0.1150
	木模板	m³	0.0024	0.0024	0.0024
	麻丝	kg	0.0027	0.0027	0.0027
	铝镁锰复合板	m²			1.0200
	其他材料费	元	2.6600	1.4200	6.9600
机械	汽车式起重机 起重量 5t	台班	0.0012	0.0012	0.0014
	汽车式起重机 起重量 8t	台班	0.0372	0.0300	0.0336
	塔式起重机 起重力矩 2500kN·m	台班	0.0002	0.0004	0.0002
	载重汽车 4t	台班	0.0120	0.0030	0.0040
	载重汽车 5t	台班	0.0004	0.0004	0.0004
	载重汽车 6t	台班	0.0019	0.0015	0.0021

续表

定 额 编 号			PGT5-1	PGT5-2	PGT5-3
项 目			保温金属墙板	无保温金属墙板	铝镁锰复合板
机械	载重汽车 8t	台班			0.0070
	电动单筒快速卷扬机 10kN	台班	0.0009	0.0014	0.0009
	电动单筒慢速卷扬机 50kN	台班	0.0003	0.0003	0.0003
	单笼施工电梯 提升质量（t）1 提升高度 75m	台班	0.0002	0.0003	0.0002
	卷扬机架（单笼 5t 以内） 架高 40m 以内	台班	0.0009	0.0014	0.0009
	混凝土振捣器（插入式）	台班	0.0011	0.0011	0.0011
	钢筋切断机 直径 φ40	台班	0.0001	0.0001	0.0001
	钢筋弯曲机 直径 φ40	台班	0.0004	0.0004	0.0004
	木工圆锯机 直径 φ500	台班	0.0042	0.0042	0.0042
	交流弧焊机 容量 21kVA	台班	0.0003	0.0003	0.0003

定 额 编 号		PGT5-4	PGT5-5	PGT5-6	PGT5-7	PGT5-8	PGT5-9
项 目		砖砌体外墙	加气混凝土砌体外墙	预制轻骨料混凝土墙板	空心砖砌体外墙	聚乙烯苯板外墙	彩钢夹心板外墙
单 位		m³	m³	m³	m³	m³	m²
基 价 (元)		**447.87**	**474.69**	**420.59**	**408.46**	**863.95**	**217.54**
其中	人 工 费 (元)	85.37	73.42	73.44	77.07	100.18	25.81
	材 料 费 (元)	352.68	389.25	335.13	319.37	756.67	178.70
	机 械 费 (元)	9.82	12.02	12.02	12.02	7.10	13.03
名 称	单位	数 量					
人工 普通工	工日	0.3849	0.3401	0.3463	0.3611	0.4869	0.1248
建筑技术工	工日	0.4917	0.4163	0.4120	0.4341	0.5516	0.1426
计价材料 铁件 钢筋	kg	0.0440	0.0440	0.0440	0.0440		
铁件 型钢	kg	0.1760	0.1760	0.1760	0.1760		
圆钢 φ10 以下	kg	2.9580	4.5900	4.5900	4.4880		1.0200
圆钢 φ10 以上	kg	7.9310	10.9180	10.8150	10.9180		3.0900
彩钢夹芯板 δ50	m²						0.5325
彩钢夹芯板 δ120	m²						0.5325
工字铝 综合	m						1.8000
槽型铝 50	m						0.5850
槽型铝 100	m						0.5850
阳角铝	m						1.3100
方材红白松 二等	m³					0.0478	

定 额 编 号			PGT5-4	PGT5-5	PGT5-6	PGT5-7	PGT5-8	PGT5-9
项 目			砖砌体外墙	加气混凝土砌体外墙	预制轻骨料混凝土墙板	空心砖砌体外墙	聚乙烯苯板外墙	彩钢夹心板外墙
计价材料	水泥砂浆 M10	m³		0.0714	0.0672			
	水泥砂浆 M5	m³	0.2211	0.0122	0.0122	0.1582		0.0032
	水泥砂浆 1:2.5	m³	0.0012	0.0010	0.0010	0.0010		
	现浇混凝土 C20-20 现场搅拌	m³	0.0041	0.0021	0.0021	0.0021		0.0021
	现浇混凝土 C25-40 现场搅拌	m³	0.0741	0.0865	0.0865	0.0865		0.0194
	现浇混凝土 C40-40 现场搅拌	m³		0.0054	0.0054	0.0054		
	隔离剂	kg	0.0188	0.0248	0.0248	0.0248		0.0051
	白水泥水磨石块窗台板	m²	0.0584	0.0478	0.0478	0.0478		
	加气混凝土块 600×240×150	块		36.3540				
	硅酸盐砌块 280×430×240	块			2.0958			
	硅酸盐砌块 430×430×240	块			0.7055			
	硅酸盐砌块 580×430×240	块			1.8260			
	硅酸盐砌块 880×430×240	块			6.0092			
	标准砖 240×115×53	千块	0.4841	0.0495	0.0498	0.0266		0.0071
	黏土空心砖 240×115×115	千块				0.2291		
	粘结剂 乳胶	kg					5.9400	
	电焊条 J422 综合	kg	0.0168	0.0196	0.0195	0.0196		0.0029
	膨胀螺栓 M12	套						1.0800

续表

定　额　编　号			PGT5-4	PGT5-5	PGT5-6	PGT5-7	PGT5-8	PGT5-9
项　　　目			砖砌体外墙	加气混凝土砌体外墙	预制轻骨料混凝土墙板	空心砖砌体外墙	聚乙烯苯板外墙	彩钢夹心板外墙
计价材料	铝铆钉	kg						0.0620
	镀锌铁丝　综合	kg	0.0625	0.0790	0.0788	0.0782	0.4328	0.0327
	钢丝网　φ2.5×25×25	m²		0.8750				
	玻璃纤维网	m²					18.9000	
	挤塑聚苯乙烯板（XPS）　20~100mm	m³					0.9745	
	聚氯乙烯塑料薄膜　0.5mm	m²	0.2936	0.3680	0.3680	0.3680		0.1516
	玻璃胶	kg						0.3500
	密封条	m						2.3540
	氧气	m³	0.0013	0.0013	0.0013	0.0013		
	乙炔气	m³	0.0006	0.0006	0.0006	0.0006		
	防锈漆	kg	0.0004	0.0004	0.0004	0.0004		
	酚醛调和漆	kg	0.0026	0.0026	0.0026	0.0026		
	水	t	0.1194	0.1126	0.1126	0.1201		0.0098
	钢管脚手架　包括扣件	kg	0.1843	0.1427	0.1427	0.1427	4.6272	0.1427
	支撑钢管及扣件	kg	0.0331	0.1343	0.1343	0.1343		0.0618
	钢脚手板　50×250×4000	块	0.0044	0.0033	0.0033	0.0033	0.0720	0.0033
	木脚手板	m³	0.0001	0.0001	0.0001	0.0001	0.0032	0.0001
	尼龙编织布	m²	0.0324	0.0278	0.0278	0.0278	0.0480	0.0278

续表

定 额 编 号			PGT5-4	PGT5-5	PGT5-6	PGT5-7	PGT5-8	PGT5-9
项 目			砖砌体外墙	加气混凝土砌体外墙	预制轻骨料混凝土墙板	空心砖砌体外墙	聚乙烯苯板外墙	彩钢夹心板外墙
计价材料	通用钢模板	kg	0.4372	0.6349	0.6349	0.6349		0.1648
	木模板	m³	0.0070	0.0070	0.0070	0.0070		0.0021
	石料切割锯片 φ150	片	0.0002	0.0002	0.0002	0.0002		
	其他材料费	元	6.9200	7.6300	6.5700	6.2600	14.8400	3.5000
机械	汽车式起重机 起重量 5t	台班	0.0010	0.0016	0.0016	0.0016		0.0016
	汽车式起重机 起重量 8t	台班	0.0003	0.0004	0.0004	0.0004		0.0001
	汽车式起重机 起重量 25t	台班	0.0001	0.0001	0.0001	0.0001		0.0001
	塔式起重机 起重力矩 200kN·m	台班					0.0007	
	塔式起重机 起重力矩 2500kN·m	台班	0.0005	0.0005	0.0005	0.0005		0.0005
	载重汽车 4t	台班						0.0125
	载重汽车 5t	台班	0.0065	0.0096	0.0096	0.0096		0.0028
	载重汽车 6t	台班	0.0005	0.0004	0.0004	0.0004	0.0112	0.0004
	电动单筒快速卷扬机 10kN	台班	0.0082	0.0082	0.0082	0.0082	0.0035	0.0082
	电动单筒慢速卷扬机 50kN	台班	0.0009	0.0014	0.0014	0.0014		0.0003
	单笼施工电梯 提升质量（t）1 提升高度75m	台班	0.0005	0.0005	0.0005	0.0005		0.0005
	卷扬机架（单笼5t以内）架高 40m以内	台班	0.0082	0.0082	0.0082	0.0082	0.0035	0.0082
	混凝土振捣器（插入式）	台班	0.0088	0.0105	0.0105	0.0105		0.0024

定 额 编 号			PGT5-4	PGT5-5	PGT5-6	PGT5-7	PGT5-8	PGT5-9
项 目			砖砌体外墙	加气混凝土砌体外墙	预制轻骨料混凝土墙板	空心砖砌体外墙	聚乙烯苯板外墙	彩钢夹心板外墙
机械	钢筋切断机 直径 φ40	台班	0.0010	0.0014	0.0014	0.0014		0.0004
	钢筋弯曲机 直径 φ40	台班	0.0049	0.0069	0.0069	0.0069		0.0018
	木工圆锯机 直径 φ500	台班	0.0081	0.0079	0.0079	0.0079		0.0026
	交流弧焊机 容量 21kVA	台班	0.0047	0.0060	0.0060	0.0060		0.0011
	对焊机 容量 150kVA	台班	0.0008	0.0012	0.0012	0.0012		0.0003

5.2 内 墙

定　额　编　号		PGT5-10	PGT5-11	PGT5-12	PGT5-13
项　　目		砖砌体内墙	加气混凝土砌体内墙	轻骨料混凝土砌块内墙	空心砖砌体内墙
单　　位		m³	m³	m³	m³
基　价（元）		**444.82**	**403.61**	**351.92**	**339.76**
其中	人　工　费（元）	85.21	60.66	61.58	65.32
	材　料　费（元）	353.09	337.83	285.22	269.05
	机　械　费（元）	6.52	5.12	5.12	5.39
名　　称	单位	数　量			
人工 普通工	工日	0.4015	0.2837	0.2919	0.3070
建筑技术工	工日	0.4783	0.3420	0.3444	0.3672
计价材料 铁件　钢筋	kg	0.0220	0.0220	0.0220	0.0220
铁件　型钢	kg	0.0880	0.0880	0.0880	0.0880
圆钢　φ10 以下	kg	2.3460	1.8360	1.8360	1.8360
圆钢　φ10 以上	kg	8.9610	7.1070	7.1070	7.1070
水泥砂浆　M10	m³		0.0731	0.0689	
水泥砂浆　M5	m³	0.2138	0.0017	0.0017	0.1513
现浇混凝土　C25-40　现场搅拌	m³	0.1137	0.0884	0.0884	0.0884
隔离剂	kg	0.0307	0.0242	0.0242	0.0242
加气混凝土块　600×240×150	块		37.2300		

定　额　编　号			PGT5-10	PGT5-11	PGT5-12	PGT5-13
项　　　　目			砖砌体内墙	加气混凝土砌体内墙	轻骨料混凝土砌块内墙	空心砖砌体内墙
计价材料	硅酸盐砌块　280×430×240	块			2.1463	
	硅酸盐砌块　430×430×240	块			0.7225	
	硅酸盐砌块　580×430×240	块			1.8700	
	硅酸盐砌块　880×430×240	块			6.1540	
	标准砖　240×115×53	千块	0.4682	0.0272	0.0275	0.0037
	黏土空心砖　240×115×115	千块				0.2346
	电焊条　J422　综合	kg	0.0131	0.0114	0.0114	0.0114
	镀锌铁丝　综合	kg	0.0423	0.0342	0.0342	0.0342
	钢丝网　φ2.5×25×25	m²		0.6300		
	聚氯乙烯塑料薄膜　0.5mm	m²	0.2833	0.1907	0.1907	0.1907
	氧气	m³	0.0006	0.0006	0.0006	0.0006
	乙炔气	m³	0.0003	0.0003	0.0003	0.0003
	防锈漆	kg	0.0002	0.0002	0.0002	0.0002
	酚醛调和漆	kg	0.0009	0.0009	0.0009	0.0009
	水	t	0.1202	0.1056	0.1056	0.1133
	钢管脚手架　包括扣件	kg	0.0332	0.0332	0.0332	0.0332
	支撑钢管及扣件	kg	0.0422	0.0171	0.0171	0.0171
	钢脚手板　50×250×4000	块	0.0008	0.0008	0.0008	0.0008

续表

定 额 编 号			PGT5-10	PGT5-11	PGT5-12	PGT5-13
项 目			砖砌体内墙	加气混凝土砌体内墙	轻骨料混凝土砌块内墙	空心砖砌体内墙
计价材料	尼龙编织布	m²	0.0066	0.0066	0.0066	0.0066
	通用钢模板	kg	0.8198	0.6328	0.6328	0.6328
	木模板	m³	0.0058	0.0043	0.0043	0.0043
	其他材料费	元	6.9300	6.6200	5.5900	5.2800
机械	汽车式起重机 起重量 5t	台班	0.0016	0.0012	0.0012	0.0012
	汽车式起重机 起重量 8t	台班	0.0003	0.0002	0.0002	0.0002
	塔式起重机 起重力矩 1500kN·m	台班	0.0001	0.0001	0.0001	
	塔式起重机 起重力矩 2500kN·m	台班				0.0001
	载重汽车 5t	台班	0.0077	0.0059	0.0059	0.0059
	载重汽车 6t	台班	0.0001	0.0001	0.0001	0.0001
	电动单筒快速卷扬机 10kN	台班	0.0005	0.0005	0.0005	0.0012
	电动单筒慢速卷扬机 50kN	台班	0.0007	0.0006	0.0006	0.0006
	单笼施工电梯 提升质量（t）1 提升高度75m	台班				0.0001
	卷扬机架（单笼5t以内）架高 40m以内	台班	0.0005	0.0005	0.0005	0.0012

110

定 额 编 号			PGT5-10	PGT5-11	PGT5-12	PGT5-13
项 目			砖砌体内墙	加气混凝土砌体内墙	轻骨料混凝土砌块内墙	空心砖砌体内墙
机械	混凝土振捣器（插入式）	台班	0.0127	0.0099	0.0099	0.0099
	钢筋切断机　直径　φ40	台班	0.0010	0.0008	0.0008	0.0008
	钢筋弯曲机　直径　φ40	台班	0.0051	0.0040	0.0040	0.0040
	木工圆锯机　直径　φ500	台班	0.0059	0.0043	0.0043	0.0043
	交流弧焊机　容量　21kVA	台班	0.0040	0.0033	0.0033	0.0033
	对焊机　容量　150kVA	台班	0.0010	0.0008	0.0008	0.0008

5.3 隔 断 墙

定 额 编 号			PGT5－14	PGT5－15	PGT5－16	PGT5－17
项 目			铝合金隔断墙	木隔断墙	高强水泥板隔断墙	胶合板墙
单 位			m²	m²	m²	m²
基 价 （元）			**199.90**	**155.94**	**197.12**	**268.08**
其中	人 工 费 （元）		32.78	51.93	70.70	153.55
	材 料 费 （元）		154.93	99.37	125.87	103.56
	机 械 费 （元）		12.19	4.64	0.55	10.97
名 称		单位	数 量			
人工	普通工	工日	0.0974	0.1538	0.2324	0.4536
	建筑技术工	工日	0.2251	0.3570	0.4694	1.0564
计价材料	预埋铁件 综合	kg			0.1351	
	加工铁件 综合	kg	0.0296	0.3160		
	方材红白松 二等	m³		0.0286	0.0003	0.0164
	板材红白松 二等	m³			0.0006	
	胶合板三层 3mm	m²		0.6870		2.1210
	普通硅酸盐水泥 32.5	t			0.0344	
	水泥砂浆 1：2.5	m³			0.0294	
	水泥砂浆 1：3	m³		0.0120	0.0644	
	素水泥浆	m³			0.0022	
	现浇混凝土 C15-20 现场搅拌	m³			0.0025	

定 额 编 号			PGT5-14	PGT5-15	PGT5-16	PGT5-17
项 目			铝合金隔断墙	木隔断墙	高强水泥板隔断墙	胶合板墙
计价材料	平板玻璃 5mm	m²	0.9102			
	铝合金墙体龙骨	kg	3.8370			
	铝合金扣板	m²	0.1587			
	轻质墙板 GRC90mm	m²			0.5150	
	轻质墙板 GRC120mm	m²			0.5150	
	网格布	m			4.1123	
	乳胶漆	kg			0.5562	
	抽芯铝铆钉	kg	0.4710			
	镀锌铁丝 综合	kg	0.0026	0.0026	0.0026	0.0026
	橡胶定型条	m	5.2154			
	玻璃胶	kg	0.1377			
	聚氨酯清漆	kg		0.3140		0.3140
	防火漆	kg		0.1776		1.9536
	聚氨酯漆稀释剂	kg		0.0391		0.0391
	环氧沥青漆	kg		1.2400		0.0276
	钢管脚手架 包括扣件	kg	0.0227	0.0227	0.0227	0.0227
	钢脚手板 50×250×4000	块	0.0005	0.0005	0.0005	0.0005
	尼龙编织布	m²	0.0040	0.0040	0.0040	0.0040
	其他材料费	元	3.0400	1.9500	2.4700	2.0300

续表

定 额 编 号			PGT5-14	PGT5-15	PGT5-16	PGT5-17
项 目			铝合金隔断墙	木隔断墙	高强水泥板隔断墙	胶合板墙
机械	塔式起重机 起重力矩 1500kN·m	台班	0.0001	0.0001	0.0001	0.0001
	载重汽车 6t	台班	0.0001	0.0001	0.0001	0.0001
	电动单筒快速卷扬机 10kN	台班	0.0004	0.0004	0.0004	0.0004
	卷扬机架（单笼5t以内） 架高 40m以内	台班	0.0004	0.0004	0.0004	0.0004
	木工圆锯机 直径 φ500	台班		0.0100		0.0051
	木工三面压刨床 刨削宽度 400mm	台班		0.0310		0.0061
	半自动切割机 厚度 100mm	台班	0.0940			
	电动空气压缩机 排气量 3m³/min	台班		0.0120		0.0720
	冲击钻	台班	0.0323			

定 额 编 号		PGT5-18	PGT5-19	PGT5-20	PGT5-21	PGT5-22
项 目		铝合金玻璃隔断墙	石膏板隔断墙	玻璃间壁墙	高密板间壁墙	屏蔽网
单 位		m²	m²	m²	m²	m²
基 价 (元)		**192.72**	**101.21**	**130.46**	**59.22**	**25.81**
其中	人 工 费 (元)	31.93	25.62	20.18	11.78	6.96
	材 料 费 (元)	148.60	75.04	109.73	46.66	18.30
	机 械 费 (元)	12.19	0.55	0.55	0.78	0.55
名 称	单位	数 量				
人工 普通工	工日	0.0949	0.0995	0.0601	0.0354	0.0140
建筑技术工	工日	0.2193	0.1591	0.1385	0.0806	0.0526
计价材料 加工铁件 综合	kg	0.0296				
方材红白松 二等	m³				0.0008	
中密度板 18mm	m²				1.0500	
木压条 15×40	m				0.3180	
石膏粉	kg		0.8400			
平板玻璃 5mm	m²			1.0750		
钢化玻璃 8mm	m²				1.0200	
轻钢大龙骨 U60×30×1.5	m		2.9000			
铝合金墙体龙骨	kg	3.7476				
石膏板 12mm	m²		2.1000			
隔断五金配件	套				0.6000	

115

续表

定 额 编 号			PGT5-18	PGT5-19	PGT5-20	PGT5-21	PGT5-22
项 目			铝合金玻璃隔断墙	石膏板隔断墙	玻璃间壁墙	高密板间壁墙	屏蔽网
计价材料	乳胶漆	kg		0.5562			
	膨胀螺栓 综合	套				2.1828	
	抽芯铝铆钉	kg	0.4280				
	镀锌铁丝 综合	kg	0.0026	0.0026	0.0026	0.0026	0.0026
	钢丝网 φ2.5×25×25	m²					2.1000
	橡胶定型条	m	5.9417				
	门窗密封橡胶条	m				6.2684	
	玻璃胶	kg	0.1628		0.0523		
	钢管脚手架 包括扣件	kg	0.0227	0.0227	0.0227	0.0227	0.0227
	钢脚手板 50×250×4000	块	0.0005	0.0005	0.0005	0.0005	0.0005
	尼龙编织布	m²	0.0040	0.0040	0.0040	0.0040	0.0040
	其他材料费	元	2.9100	1.4700	2.1500	0.9200	0.3600
机械	塔式起重机 起重力矩 1500kN·m	台班	0.0001	0.0001	0.0001	0.0001	0.0001
	载重汽车 6t	台班	0.0001	0.0001	0.0001	0.0001	0.0001
	电动单筒快速卷扬机 10kN	台班	0.0004	0.0004	0.0004	0.0004	0.0004
	卷扬机架（单笼5t以内）架高 40m以内	台班	0.0004	0.0004	0.0004		
	木工圆锯机 直径 φ500	台班				0.0080	
	半自动切割机 厚度 100mm	台班	0.0940				
	冲击钻	台班	0.0323				

5.4 墙体装饰

5.4.1 外墙面装饰

定 额 编 号			PGT5-23	PGT5-24	PGT5-25	PGT5-26	PGT5-27	PGT5-28
项 目			水泥砂浆	涂料	面砖	干挂石材	玻璃幕墙	铝塑板饰面
单 位			m²	m²	m²	m²	m²	m²
基 价 （元）			**23.85**	**38.62**	**100.19**	**292.04**	**574.29**	**134.08**
其中	人 工 费（元）		9.58	14.62	25.68	49.20	97.76	20.08
	材 料 费（元）		13.72	21.52	71.54	239.19	410.17	109.32
	机 械 费（元）		0.55	2.48	2.97	3.65	66.36	4.68
名 称		单位	数 量					
人工	普通工	工日	0.0304	0.0566	0.0792	0.1505	0.2937	0.0601
	建筑技术工	工日	0.0644	0.0909	0.1743	0.3348	0.6690	0.1376
计价材料	圆钢 φ10 以上	kg						0.6386
	加工铁件 综合	kg						0.0897
	板材红白松 二等	m³	0.0001	0.0001		0.0001		
	普通硅酸盐水泥 32.5	t		0.0030				
	白水泥	t				0.0002		
	水泥砂浆 1:2.5	m³	0.0085	0.0085	0.0185	0.0078		
	水泥砂浆 1:3	m³	0.0154	0.0154		0.0166		
	素水泥浆	m³	0.0003	0.0003	0.0011	0.0002		

续表

定　额　编　号		PGT5-23	PGT5-24	PGT5-25	PGT5-26	PGT5-27	PGT5-28
项　　　目		水泥砂浆	涂料	面砖	干挂石材	玻璃幕墙	铝塑板饰面
计价材料 石材　20	m²				1.0557		
钢化镀膜玻璃　6mm	m²					1.0149	
轻钢吊顶龙骨　U38×12×1.2	m						1.3777
轻钢龙骨主接件	个						0.5974
轻钢大龙骨垂直吊挂件	个						1.6068
铝合金吊顶中龙骨　T30.5	m						1.9741
铝合金吊顶龙骨次接件	个						0.2884
铝合金吊顶中龙骨垂直吊挂件	个						4.6968
铝合金吊顶中龙骨平面连接件	个						0.5974
铝塑板双面　1220×2440×3	m²						1.1073
外墙面砖	m²			1.0200			
麻面仿石砖　200×75	m²	0.0515	0.0515	0.0515			
铝合金型材	kg					10.9710	
不锈钢角挂件4件	套				5.8064		
丙烯酸漆	kg		0.3400				
干粉型粘合剂	kg	0.2100	0.2100	4.4100			
混凝土界面处理剂	kg	1.2463	1.2463	2.4926			
电焊条　J422　综合	kg						0.0132
不锈钢螺栓	套					1.2753	

118

续表

定 额 编 号			PGT5-23	PGT5-24	PGT5-25	PGT5-26	PGT5-27	PGT5-28
项 目			水泥砂浆	涂料	面砖	干挂石材	玻璃幕墙	铝塑板饰面
计价材料	不锈钢螺丝 M5×12	个					14.2416	
	镀锌铁丝 综合	kg	0.0026	0.0017	0.0026	0.0212	0.0212	0.0035
	镀锌铁件	kg					2.5242	
	门窗密封橡胶条	m					1.4925	
	硅胶	kg				0.1328	2.4196	
	密封胶	kg				0.0947		
	海绵胶条 δ10	m					2.1973	
	钢管脚手架 包括扣件	kg	0.0227	0.0151	0.0227	0.1843	0.1843	0.0302
	钢脚手板 50×250×4000	块	0.0005	0.0004	0.0005	0.0044	0.0044	0.0007
	木脚手板	m³				0.0001	0.0001	
	尼龙编织布	m²	0.0040	0.0027	0.0040	0.0324	0.0324	0.0053
	石料切割锯片 φ150	片				0.0096		
	其他材料费	元	0.2700	0.4200	1.4000	4.6900	8.0400	2.1400
机械	汽车式起重机 起重量 8t	台班			0.0002	0.0003	0.0003	
	塔式起重机 起重力矩 1500kN·m	台班	0.0001		0.0005	0.0006	0.0006	0.0001
	载重汽车 6t	台班	0.0001		0.0001	0.0004	0.0004	0.0001
	电动单筒快速卷扬机 10kN	台班	0.0004	0.0002	0.0034	0.0036	0.0036	0.0005
	卷扬机架（单笼5t以内） 架高 40m以内	台班	0.0004	0.0002	0.0034	0.0036	0.0036	0.0005
	木工多用机床	台班						0.0052

定 额 编 号			PGT5-23	PGT5-24	PGT5-25	PGT5-26	PGT5-27	PGT5-28
项 目			水泥砂浆	涂料	面砖	干挂石材	玻璃幕墙	铝塑板饰面
机械	交流弧焊机 容量 21kVA	台班					0.0828	0.0009
	电动空气压缩机 排气量 6m³/min	台班		0.0100				
	砂轮切割机 直径 φ400	台班					0.1428	0.0355
	冲击钻	台班						0.0272
	双组份挤胶系统	台班					0.1760	

5.4.2 内墙面装饰

定 额 编 号			PGT5-29	PGT5-30	PGT5-31	PGT5-32	PGT5-33	PGT5-34	PGT5-35
项 目			混合砂浆	水泥砂浆	乳胶漆	油漆面	铝塑板饰面	木饰板	面砖
单 位			m²	m²	m²	m²	m²	m²	m²
基 价（元）			**19.40**	**20.68**	**26.39**	**27.29**	**110.74**	**107.53**	**77.79**
其中	人 工 费（元）		9.30	9.10	13.25	12.25	14.28	20.91	23.32
	材 料 费（元）		9.53	11.01	12.57	13.80	93.83	83.63	53.90
	机 械 费（元）		0.57	0.57	0.57	1.24	2.63	2.99	0.57
名 称		单位	数 量						
人工	普通工	工日	0.0317	0.0312	0.0529	0.0387	0.0430	0.0625	0.0705
	建筑技术工	工日	0.0609	0.0595	0.0812	0.0825	0.0977	0.1433	0.1593
计价材料	圆钢 φ10 以上	kg					0.3100		
	加工铁件 综合	kg					0.0436	0.0702	
	方材红白松 一等	m³						0.0186	
	板材红白松 二等	m³	0.0001	0.0001	0.0001	0.0001			
	胶合饰面板（泰柚）	m²						1.1155	
	白水泥	t	0.0004	0.0004					0.0002
	水泥砂浆 1:2.5	m³		0.0070	0.0070	0.0087			
	水泥砂浆 1:3	m³		0.0155	0.0155	0.0137			0.0107
	混合砂浆 1:0.2:2	m³							0.0078
	混合砂浆 1:1:4	m³	0.0069						

续表

定 额 编 号			PGT5-29	PGT5-30	PGT5-31	PGT5-32	PGT5-33	PGT5-34	PGT5-35
项 目			混合砂浆	水泥砂浆	乳胶漆	油漆面	铝塑板饰面	木饰板	面砖
计价材料	混合砂浆 1:1:6	m³	0.0155						
	素水泥浆	m³	0.0001	0.0001	0.0001	0.0010			
	水泥膏浆 水泥膏	m³							0.0052
	加气混凝土界面剂	kg	1.1989	1.1989	1.1989	1.1989			
	轻钢吊顶龙骨 U38×12×1.2	m					0.6688		
	轻钢龙骨主接件	个					0.2900		
	轻钢大龙骨垂直吊挂件	个					0.7800		
	铝合金吊顶中龙骨 T30.5	m					0.9583		
	铝合金吊顶龙骨次接件	个					0.1400		
	铝合金吊顶中龙骨垂直吊挂件	个					2.2800		
	铝合金吊顶中龙骨平面连接件	个					0.2900		
	铝塑板双面 1220×2440×3	m²					1.0428		
	内墙面砖	m²							0.9991
	阴阳角瓷片	块							3.6860
	乳胶漆	kg				0.2698			
	粘结剂 乳胶	kg						0.2968	
	混凝土界面处理剂	kg	0.2493	0.2493	0.2493	0.2493			0.7478
	电焊条 J422 综合	kg					0.0064	0.0091	

122

续表

定额编号		PGT5-29	PGT5-30	PGT5-31	PGT5-32	PGT5-33	PGT5-34	PGT5-35
项目		混合砂浆	水泥砂浆	乳胶漆	油漆面	铝塑板饰面	木饰板	面砖
计价材料 镀锌铁丝 综合	kg	0.0035	0.0035	0.0035	0.0035	0.0035	0.0035	0.0035
普通调和漆	kg				0.1798			
普通清漆	kg				0.0150			
防火漆	kg						0.1066	
钢管脚手架 包括扣件	kg	0.0302	0.0302	0.0302	0.0302	0.0302	0.0302	0.0302
钢脚手板 50×250×4000	块	0.0007	0.0007	0.0007	0.0007	0.0007	0.0007	0.0007
尼龙编织布	m²	0.0053	0.0053	0.0053	0.0053	0.0053	0.0053	0.0053
其他材料费	元	0.1900	0.2200	0.2500	0.2700	1.8400	1.6400	1.0600
机械 塔式起重机 起重力矩 1500kN·m	台班	0.0001	0.0001	0.0001	0.0001	0.0001	0.0001	0.0001
载重汽车 6t	台班	0.0001	0.0001	0.0001	0.0001	0.0001	0.0001	0.0001
电动单筒快速卷扬机 10kN	台班	0.0005	0.0005	0.0005	0.0005	0.0005	0.0005	0.0005
卷扬机架（单笼5t以内） 架高 40m以内	台班	0.0005	0.0005	0.0005	0.0005	0.0005		0.0005
木工圆锯机 直径 φ500	台班						0.0035	
木工多用机床	台班					0.0049		
交流弧焊机 容量 21kVA	台班					0.0005	0.0006	
电动空气压缩机 排气量 3m³/min	台班				0.0049		0.0036	
砂轮切割机 直径 φ400	台班				0.0173			
冲击钻	台班					0.0132	0.0263	

第 6 章　门窗工程

说　　明

1. 本章定额适用于建筑物、构筑物的门窗工程。站区围墙大门、电动伸缩门工程执行第 10 章相应的定额。

2. 木门窗工程包括框与扇的制作与安装、刷油漆、装配玻璃与五金及配件、安装纱扇、钉铁纱，补塞框缝等工作内容。

3. 钢门窗、隔热断桥铝合金门窗与铝合金门窗及塑钢门窗工程包括门窗购置、拼装组合、安装、安装纱扇、安装密封条、刷油漆、装配玻璃与五金及配件、钉铁纱、补塞框缝等工作内容。

4. 钢木大门工程包括钢木大门购置、装配玻璃与五金及配件、安装小门、固定铁脚、安装密封条、补塞框缝、安拆脚手架等工作内容。

5. 保温门、防火门工程包括门购置、装配五金与配件、安装密封条、安拆脚手架等工作内容。

6. 电子感应门、金属卷帘门工程包括门购置与安装、感应装置购置与安装、电动装置购置与安装、安拆脚手架等工作内容。

7. 窗工程包括窗帘盒的制作与安装、成品窗帘盒购置与安装、刷油漆等工作内容。工程实际与定额不同时不作调整。

工程量计算规则

1. 门窗按照门窗洞口面积计算工程量。
2. 卷帘门宽度按照设计宽度乘以洞口高度，以面积计算工程量。

6.1 窗

定 额 编 号			PGT6-1	PGT6-2	PGT6-3	PGT6-4	PGT6-5	PGT6-6	PGT6-7
项 目			木窗	钢窗	铝合金窗	隔热断桥铝合金窗	塑钢窗	窗护栏	
								钢结构	不锈钢结构
单 位			m²	m²	m²	m²	m²	m²	m²
基 价（元）			**217.55**	**268.70**	**318.44**	**515.27**	**334.40**	**135.44**	**388.68**
其中	人 工 费（元）		50.08	25.59	17.72	17.99	27.91	6.38	4.45
	材 料 费（元）		163.43	221.89	300.16	496.72	300.03	128.83	384.23
	机 械 费（元）		4.04	21.22	0.56	0.56	6.46	0.23	
名 称		单位	数 量						
人工	普通工	工日	0.1489	0.0782	0.0531	0.0539	0.0834	0.0191	0.0134
	建筑技术工	工日	0.3439	0.1742	0.1214	0.1232	0.1913	0.0437	0.0304
计价材料	加工铁件 综合	kg		0.1302	0.1628	0.1628	0.1628		
	板材红白松 一等	m³	0.0562				0.0057		
	细木工板	m²		0.2135	0.2669	0.2669	0.2669		
	混合砂浆 M5	m³	0.0036						
	平板玻璃 3mm	m²	0.7141						
	成品单层钢窗	m²		0.9800					
	成品钢纱窗	m²		0.2940					
	成品窗防护格栅（钢）	m²						1.2789	

续表

定 额 编 号			PGT6-1	PGT6-2	PGT6-3	PGT6-4	PGT6-5	PGT6-6	PGT6-7
项 目			木窗	钢窗	铝合金窗	隔热断桥铝合金窗	塑钢窗	窗护栏	
								钢结构	不锈钢结构
计价材料	成品窗防护格栅（不锈钢）	m²							1.2789
	成品铝合金固定窗	m²			0.3920				
	成品铝合金推拉窗	m²			0.3920				
	成品铝合金平开窗	m²			0.1960				
	成品铝合金纱窗	m²			0.2940	0.2940			
	成品塑钢窗（单层玻璃）	m²					0.4900		
	成品塑钢窗（双层玻璃）	m²					0.4900		
	木窗五金、配件 木窗	套	0.4000						
	木窗五金、配件 普通纱窗	套	0.1200				0.1200		
	铝合金窗帘轨	m		0.4928	1.2320	1.2320	1.2320		
	不锈钢螺丝 M5×12	个					7.0000		
	镀锌铁丝 综合	kg						0.0012	0.0012
	发泡软填料	kg			0.4898	0.5870	0.2800		
	门窗密封橡胶条	m		0.7650			4.2800		
	塑料窗纱	m²	0.3534				0.3534		
	玻璃胶	kg			0.3200	1.0224			
	密封油膏	kg					0.4300		

定　额　编　号			PGT6-1	PGT6-2	PGT6-3	PGT6-4	PGT6-5	PGT6-6	PGT6-7
项　　　　目			木窗	钢窗	铝合金窗	隔热断桥铝合金窗	塑钢窗	窗护栏	
								钢结构	不锈钢结构
计价材料	普通调和漆	kg	0.3914						
	酚醛调和漆	kg		0.2246				0.1207	
	普通清漆	kg	0.0146						
	钢管脚手架　包括扣件	kg						0.0078	0.0078
	钢脚手板　50×250×4000	块						0.0002	0.0002
	尼龙编织布	m²						0.0020	0.0020
	隔热断桥铝合金窗	m²				0.9800			
	其他材料费	元	3.2000	4.3500	5.8900	9.7400	5.8800	2.5300	7.5300
机械	电动单筒快速卷扬机　10kN	台班	0.0016	0.0016	0.0016	0.0016	0.0016		
	卷扬机架（单笼5t以内）架高　40m以内	台班	0.0016	0.0016	0.0016	0.0016	0.0016		
	木工圆锯机　直径　φ500	台班	0.0077	0.0031	0.0004	0.0004	0.0015		
	木工平刨床　刨削宽度　450mm	台班	0.0196				0.0032		
	木工双面压刨床　刨削宽度　600mm	台班	0.0196				0.0032		
	木工三面压刨床　刨削宽度　400mm	台班		0.0016	0.0031	0.0031	0.0031		
	木工开榫机　榫头长度　160mm	台班	0.0175				0.0033		
	木工打眼机　榫槽宽度　16mm	台班	0.0277				0.0020		
	木工裁口机　宽度　多面400mm	台班	0.0084				0.0012		

定 额 编 号			PGT6-1	PGT6-2	PGT6-3	PGT6-4	PGT6-5	PGT6-6	PGT6-7
项 目			木窗	钢窗	铝合金窗	隔热断桥铝合金窗	塑钢窗	窗护栏	
								钢结构	不锈钢结构
机械	交流弧焊机 容量 21kVA	台班		0.2941					
	电动空气压缩机 排气量 3m³/min	台班	0.0030	0.0055				0.0017	
	冲击钻	台班					0.0790		

6.2 门

定额编号		PGT6-8	PGT6-9	PGT6-10	PGT6-11	PGT6-12	PGT6-13
项目		木门	钢木大门 普通	钢木大门 防风、防寒	保温门	防火门	钢门
单位		m²	m²	m²	m²	m²	m²
基价（元）		**257.66**	**201.01**	**234.07**	**284.40**	**457.74**	**143.07**
其中	人工费（元）	53.69	15.77	18.56	10.72	22.81	16.56
	材料费（元）	198.27	185.14	215.41	273.53	434.14	125.54
	机械费（元）	5.70	0.10	0.10	0.15	0.79	0.97
名称	单位	数量					
人工 普通工	工日	0.1559	0.0473	0.0564	0.0381	0.0680	0.0490
建筑技术工	工日	0.3713	0.1080	0.1266	0.0691	0.1565	0.1139
方材红白松 一等	m³		0.0005	0.0005	0.0032		
板材红白松 一等	m³	0.0573					
胶合板三层 3mm	m²	1.0068					
成品钢木大门（两面板）	m²		0.9600				
成品钢木大门（防寒两面板）	m²			0.9600			
成品保温隔音门	m²				0.9600		
成品全钢板门	m²						0.9600
成品防火门	m²					0.9600	

续表

定 额 编 号			PGT6-8	PGT6-9	PGT6-10	PGT6-11	PGT6-12	PGT6-13
项 目			木门	钢木大门		保温门	防火门	钢门
				普通	防风、防寒			
计价材料	木门五金、配件 镶板门	套	0.2500					
	木门五金、配件 胶合板门	套	0.2500					
	木门五金、配件 普通纱门	套	0.2000					
	镀锌铁丝 综合	kg		0.0065	0.0065	0.0026	0.0026	
	塑料窗纱	m²	0.2890					
	聚氨酯清漆	kg	0.8408					
	聚氨酯漆稀释剂	kg	0.1047					
	钢管脚手架 包括扣件	kg		0.0467	0.0467	0.0175	0.0175	
	钢脚手板 50×250×4000	块		0.0010	0.0010	0.0004	0.0004	
	尼龙编织布	m²		0.0102	0.0102	0.0044	0.0044	
	其他材料费	元	3.8900	3.6300	4.2200	5.3600	8.5100	2.4600
机械	载重汽车 6t	台班		0.0002	0.0002	0.0001	0.0001	
	电动单筒快速卷扬机 10kN	台班	0.0016			0.0005	0.0005	0.0016
	卷扬机架（单笼5t以内）架高 40m以内	台班	0.0016			0.0005	0.0005	0.0016
	木工圆锯机 直径 φ500	台班	0.0119					
	木工平刨床 刨削宽度 450mm	台班	0.0238					
	木工三面压刨床 刨削宽度 400mm	台班	0.0229					

续表

定 额 编 号			PGT6-8	PGT6-9	PGT6-10	PGT6-11	PGT6-12	PGT6-13
项 目			木门	钢木大门		保温门	防火门	钢门
				普通	防风、防寒			
机械	木工开榫机 榫头长度 160mm	台班	0.0244					
	木工打眼机 榫槽宽度 16mm	台班	0.0273					
	木工裁口机 宽度 多面400mm	台班	0.0096					
	交流弧焊机 容量 21kVA	台班					0.0095	0.0095
	电动空气压缩机 排气量 3m³/min	台班	0.0070					

定 额 编 号			PGT6-14	PGT6-15
项 目			防盗门	半截百叶门
单 位			m²	m²
基 价 （元）			**314.24**	**176.83**
其中	人 工 费 （元）		16.69	14.56
	材 料 费 （元）		296.65	159.48
	机 械 费 （元）		0.90	2.79
名 称		单位	数 量	
人工	普通工	工日	0.0500	0.0430
	建筑技术工	工日	0.1143	0.1002
计价材料	成品平开防盗门	m²	0.9600	
	成品半截百叶钢板门	m²		0.9600
	镀锌铁丝 综合	kg	0.0026	
	钢管脚手架 包括扣件	kg	0.0175	
	钢脚手板 50×250×4000	块	0.0004	
	尼龙编织布	m²	0.0044	
	其他材料费	元	5.8200	3.1300
机械	载重汽车 6t	台班	0.0001	
	电动单筒快速卷扬机 10kN	台班	0.0010	0.0016
	卷扬机架（单笼5t以内） 架高 40m以内	台班	0.0010	0.0016
	交流弧焊机 容量 21kVA	台班	0.0095	0.0363

定 额 编 号		PGT6-16	PGT6-17	PGT6-18	PGT6-19	PGT6-20	PGT6-21	PGT6-22
项 目		铝合金门	隔热断桥铝合金门	铝合金全玻璃地弹门	塑钢门	不锈钢门	电子感应门	金属卷帘门
单 位		m²	m²	m²	m²	m²	m²	m²
基 价（元）		**301.05**	**531.80**	**328.07**	**312.40**	**657.46**	**990.06**	**368.66**
其中	人 工 费（元）	19.28	19.15	19.86	22.70	39.16	76.96	30.11
	材 料 费（元）	281.44	512.32	307.88	283.93	617.97	911.25	337.09
	机 械 费（元）	0.33	0.33	0.33	5.77	0.33	1.85	1.46
名 称	单位	数 量						
人工 普通工	工日	0.0569	0.0552	0.0586	0.0670	0.1156	0.2286	0.0904
建筑技术工	工日	0.1327	0.1327	0.1367	0.1562	0.2695	0.5286	0.2061
计价材料 成品铝合金门	m²	0.7680						
成品单扇全玻地弹门	m²	0.0960		0.2880				
成品双扇全玻地弹门	m²	0.0960		0.6720				
成品塑钢门（单层玻璃）	m²				0.4800			
成品塑钢门（双层玻璃）	m²				0.4800			
成品不锈钢双扇全玻地弹门	m²					0.9600		
成品门电子感应门	m²						0.9600	
卷闸镀锌薄钢板门	m²							0.5835
卷闸铝合金门	m²							0.5835
卷闸电动装置	套							0.0661

135

定 额 编 号			PGT6-16	PGT6-17	PGT6-18	PGT6-19	PGT6-20	PGT6-21	PGT6-22
项 目			铝合金门	隔热断桥铝合金门	铝合金全玻璃地弹门	塑钢门	不锈钢门	电子感应门	金属卷帘门
计价材料	卷帘门五金 镀锌薄钢板卷闸门	套							0.0875
	门电子感应装置	套						0.2500	
	镀锌铁丝 综合	kg						0.0065	0.0065
	发泡软填料	kg	0.6671	0.6671	0.6671	0.2800	0.6671	0.3219	
	门窗密封橡胶条	m				1.1150			
	玻璃胶	kg	0.3500	0.6671	0.3500		0.3500	0.3120	
	密封油膏	kg				0.4300			
	钢管脚手架 包括扣件	kg						0.0467	0.0567
	钢脚手板 50×250×4000	块						0.0010	0.0014
	尼龙编织布	m²						0.0102	0.0100
	隔热断桥铝合金门	m²		0.9600					
	其他材料费	元	5.5200	10.0500	6.0400	5.5700	12.1200	17.8700	6.6100
机械	载重汽车 6t	台班						0.0002	0.0001
	电动单筒快速卷扬机 10kN	台班	0.0016	0.0016	0.0016	0.0016	0.0016		
	卷扬机架 (单笼5t以内) 架高 40m 以内	台班	0.0016	0.0016	0.0016	0.0016	0.0016		
	交流弧焊机 容量 21kVA	台班						0.0258	0.0208
	冲击钻	台班				0.0800			

第 7 章　钢筋混凝土结构工程

说　明

1. 本章定额适用于建筑物、构筑物的钢筋混凝土框架、梁柱、悬臂板、底板、墙工程（除第 9 章与第 10 章构筑物）。钢筋与铁件工程适用于全站各单位工程钢筋与铁件工程。

2. 混凝土构件综合考虑了预制构件与现浇构件及混凝土构件的二次浇制，定额中不包括植筋费用。

3. 钢筋混凝土工程包括浇制或预制构件、运输且安装构件、浇制或安装梁垫、铁件制作与预埋、接头灌浆、外露铁件刷油漆、安拆脚手架等工作内容。

（1）基础梁工程不包括土方施工、回填防冻材料等工作内容，发生时参照基础换填定额子目另行计算。

（2）悬臂板定额子目适用于混凝土壁上悬挑板、悬挑平台板、大于 1.2m 宽度的雨篷板工程，包括板底抹灰及刷涂料等工作内容。

4. 底板工程包括浇制垫层、浇制伸缩缝垫板、安装止水带、浇制底板、填伸缩缝、板端头填素混凝土、预埋铁件等工作内容。

5. 钢筋混凝土墙定额适用于泵房、室内池井等建筑物与构筑物中的钢筋混凝土墙或壁工程，包括浇制钢筋混凝土墙、预埋铁件、安拆脚手架等工作内容。

6. 定额中的钢筋量是完成定额子目工程量所需的钢筋用量，包括结构钢筋、构造钢筋、施工措施钢筋（指正常施工条件下所需的 S 钢筋、马凳钢筋、拉结钢筋等）、钢筋连接用量、钢筋损耗用量。钢筋连接方式综合了对焊、电弧焊（帮条焊、搭接焊、坡口焊）、点焊、冷挤压、绑扎。当直径 $\phi20$ 及以上的钢筋采用螺纹连接时，每个接头另行增加 25 元。

工程量计算规则

1. 钢筋混凝土结构按照钢筋混凝土构件体积计算工程量，包括柱上的牛腿、梁上的挑耳体积，不扣除钢筋、铁件、预埋孔等所占体积，梁垫不计算体积。柱高从基础顶标高计算至柱顶，梁高计算至板顶，与柱交叉的梁长度计算至柱内侧。柱间的钢结构支撑按照钢结构定额单独计算，混凝土柱的钢牛腿按照铁件单独计算。

（1）基础梁体积不计算基础梁支墩工程量。基础梁下土方、防冻设施等费用单独计算。

（2）悬臂板体积应计算悬臂板上的挑檐、挑梁体积。悬臂板宽度按照板挑出宽度计算。

（3）框架双连系梁间的板按照体积计算工程量，并入连系梁体积中。

2. 底板按照底板混凝土体积计算工程量，底板上支墩、设备基础计算体积，并入底板工程量内；混凝土垫层体积不计算工程量。底板上填素混凝土的体积单独计算。

3. 钢筋混凝土墙按照混凝土墙体积计算工程量。混凝土墙与底板以底板顶标高分界，混凝土墙与顶板以顶板底标高分界，墙与板交叉的"三角块"混凝土体积并入墙体中，扣除门窗及大于 $1m^2$ 洞口所占的体积。

4. 钢筋按照设计用量、连接用量之和计算工程量。设计用量由结构钢筋、构造钢筋、钢筋连接用量组成。

（1）钢筋连接用量按照设计规定计算。当设计用量不含钢筋连接用量时，钢筋连接用量按照单位工程钢筋设计用量4%计算。

（2）计算钢筋连接用量基数时，不包括设计已含搭接的钢筋用量，对焊、螺纹连接、冷挤压、植筋用量亦不作为计算钢筋连接用量基数。

（3）钢筋采用螺纹连接时，接头数量根据实际用量计算。初步设计阶段螺纹接头参考数量：钢筋混凝土结构建筑物或构筑物工程，单位工程钢筋用量每吨计算 7 个螺纹接头；其他结构建筑物或构筑物不考虑螺纹接头。

5. 施工措施钢筋用量，支撑钢筋、型钢按设计图示（或施工验收规范要求）尺寸乘以单位理论质量计算，按设计图纸或施工验收规范要求计算，设计图纸及施工验收规范无要求，根据批准的施工组织设计计算。无批准的施工组织设计时，建筑物施工措施钢筋用量按照设计用量与连接用量之和 1%计算，构筑物施工措施钢筋用量按照设计用量与连接用量之和 3.5%计算。措施钢筋执行支撑钢筋"铁马"或支撑型钢"铁马"定额子目。

7.1 建筑物混凝土结构

定 额 编 号		PGT7-1	PGT7-2	PGT7-3
项 目		钢筋混凝土		
		基础梁	框架	矩形柱
单 位		m³	m³	m³
基 价 (元)		**625.48**	**870.65**	**902.53**
其中	人 工 费 (元)	180.48	273.54	281.18
	材 料 费 (元)	427.78	550.63	578.02
	机 械 费 (元)	17.22	46.48	43.33
名 称	单位	数 量		
人工	普通工	工日	1.2367	1.8494	1.9257
	建筑技术工	工日	0.7346	1.1314	1.1453
计价材料	铁件 钢筋	kg	0.8800	0.8800	1.3200
	铁件 型钢	kg	3.5200	3.5200	5.2800
	板材红白松 二等	m³		0.0002	0.0001
	水泥砂浆 1:2.5	m³	0.0145	0.0134	
	水泥砂浆 1:3	m³	0.0220	0.0203	
	素水泥浆	m³		0.0035	0.0032
	现浇混凝土 C25-40 现场搅拌	m³	1.0201	0.5550	0.5550
	现浇混凝土 C40-40 现场搅拌	m³	0.0091	0.4541	0.4541
	隔离剂	kg	0.2190	0.4420	0.4411

141

定 额 编 号			PGT7-1	PGT7-2	PGT7-3
项 目			钢筋混凝土		
			基础梁	框架	矩形柱
计价材料	电焊条 J422 综合	kg	0.1888	0.1888	0.2832
	镀锌铁丝 综合	kg	0.0087	0.0087	0.0087
	聚氯乙烯塑料薄膜 0.5mm	m²	2.4200	1.0732	0.4000
	氧气	m³	0.0256	0.0256	0.0383
	乙炔气	m³	0.0111	0.0111	0.0167
	防锈漆	kg	0.0086	0.0086	0.0130
	酚醛调和漆	kg	0.0259	0.0259	0.0345
	水	t	0.2142	0.1998	0.2100
	钢管脚手架 包括扣件	kg	0.0625	0.0625	0.0625
	支撑钢管及扣件	kg	0.0956	5.4948	5.2124
	钢脚手板 50×250×4000	块	0.0013	0.0013	0.0013
	尼龙编织布	m²	0.0137	0.0137	0.0137
	通用钢模板	kg	10.1657	6.4326	7.3932
	复合木模板	m²		1.6120	1.8048
	木模板	m³	0.0037	0.0167	0.0204
	其他材料费	元	8.3900	10.7900	11.3400
机械	汽车式起重机 起重量 5t	台班	0.0076	0.0305	0.0271
	汽车式起重机 起重量 8t	台班	0.0002	0.0002	0.0002

定 额 编 号		PGT7-1	PGT7-2	PGT7-3
项 目		钢筋混凝土		
		基础梁	框架	矩形柱
机械	塔式起重机 起重力矩 1500kN·m	台班	0.0003	0.0003	0.0003
	载重汽车 5t	台班	0.0097	0.0404	0.0360
	载重汽车 6t	台班	0.0002	0.0002	0.0002
	载重汽车 8t	台班	0.0001	0.0001	0.0002
	电动单筒快速卷扬机 10kN	台班	0.0102	0.0102	0.0102
	卷扬机架（单笼5t以内） 架高 40m以内	台班	0.0102	0.0102	0.0102
	混凝土振捣器（插入式）	台班	0.1153	0.1130	0.1130
	木工圆锯机 直径 φ500	台班	0.0040	0.0047	
	摇臂钻床 钻孔直径 φ50	台班	0.0002	0.0002	0.0003
	型钢剪断机 剪断宽度 500mm	台班			0.0001
	交流弧焊机 容量 21kVA	台班	0.0342	0.0342	0.0513
	电动空气压缩机 排气量 3m³/min	台班	0.0004	0.0004	0.0005
未计价材料	圆钢 φ10以下	kg	181.3560	224.5020	215.8320

143

定　额　编　号			PGT7-4	PGT7-5
项　　　　　目			钢筋混凝土	
			梁	悬臂板
单　　　　　位			m³	m³
基　　价（元）			**842.99**	**950.95**
其中	人　工　费（元）		261.02	296.62
	材　料　费（元）		525.61	606.78
	机　械　费（元）		56.36	47.55
名　　　称		单位	数　　量	
人工	普通工	工日	1.7385	1.8005
	建筑技术工	工日	1.0986	1.3746
计价材料	铁件　钢筋	kg	1.3200	1.7600
	铁件　型钢	kg	5.2800	7.0400
	板材红白松　二等	m³	0.0001	0.0010
	水泥砂浆　1：2.5	m³	0.0081	0.0348
	水泥砂浆　1：3	m³	0.0122	0.0818
	素水泥浆	m³	0.0019	0.0056
	现浇混凝土　C20-20　现场搅拌	m³	0.0101	
	现浇混凝土　C25-20　现场搅拌	m³		0.6054
	现浇混凝土　C25-40　现场搅拌	m³	0.5550	0.4036
	现浇混凝土　C40-40　现场搅拌	m³	0.4541	
	隔离剂	kg	0.4454	0.5206

144

定 额 编 号			PGT7-4	PGT7-5
项 目			钢筋混凝土	
			梁	悬臂板
计价材料	乳胶漆	kg		1.4044
	电焊条 J422 综合	kg	0.2832	0.3776
	镀锌铁丝 综合	kg	0.0087	0.0087
	聚氯乙烯塑料薄膜 0.5mm	m²	2.3800	5.2432
	氧气	m³	0.0383	0.0511
	乙炔气	m³	0.0167	0.0222
	防锈漆	kg	0.0130	0.0173
	酚醛调和漆	kg	0.0345	0.0517
	水	t	0.1832	0.3756
	钢管脚手架 包括扣件	kg	0.0625	4.3376
	支撑钢管及扣件	kg	6.0430	5.3179
	钢脚手板 50×250×4000	块	0.0013	0.0013
	尼龙编织布	m²	0.0137	0.0137
	通用钢模板	kg	4.5680	3.8294
	复合木模板	m²	1.2378	1.5481
	木模板	m³	0.0097	0.0178
	其他材料费	元	10.3100	11.9000

续表

定 额 编 号			PGT7-4	PGT7-5
项 目			钢筋混凝土	
			梁	悬臂板
机械	汽车式起重机 起重量 5t	台班	0.0371	0.0290
	汽车式起重机 起重量 8t	台班	0.0002	0.0002
	塔式起重机 起重力矩 1500kN·m	台班	0.0003	0.0003
	载重汽车 5t	台班	0.0490	0.0373
	载重汽车 6t	台班	0.0002	0.0002
	载重汽车 8t	台班	0.0002	0.0003
	电动单筒快速卷扬机 10kN	台班	0.0102	0.0102
	卷扬机架（单笼5t以内）架高 40m以内	台班	0.0102	0.0102
	混凝土振捣器（插入式）	台班	0.1145	0.1130
	木工圆锯机 直径 φ500	台班	0.0141	0.0384
	摇臂钻床 钻孔直径 φ50	台班	0.0003	0.0004
	型钢剪断机 剪断宽度 500mm	台班	0.0001	0.0001
	交流弧焊机 容量 21kVA	台班	0.0513	0.0684
	电动空气压缩机 排气量 3m³/min	台班	0.0005	0.0007
未计价材料	圆钢 φ10以下	kg	219.4020	106.0800

7.2 钢筋混凝土底板与墙

定额编号		PGT7-6	PGT7-7	PGT7-8	PGT7-9	PGT7-10
项 目		钢筋混凝土底板	底板上填混凝土	钢筋混凝土墙		地下钢筋混凝土墙
				厚度25cm以内	厚度25cm以外	
单 位		m³	m³	m³	m³	m³
基 价（元）		**494.48**	**370.53**	**802.82**	**792.31**	**589.33**
其中	人 工 费（元）	58.36	29.36	215.05	216.74	123.10
	材 料 费（元）	429.47	336.87	536.93	524.97	433.19
	机 械 费（元）	6.65	4.30	50.84	50.60	33.04
名 称	单位	数 量				
人工 普通工	工日	0.4453	0.2540	1.4960	1.5078	0.8918
建筑技术工	工日	0.2048	0.0814	0.8592	0.8659	0.4663
计价材料 铁件 钢筋	kg	0.2200		0.2200	0.1320	
铁件 型钢	kg	0.8800		0.8800	0.5280	
现浇混凝土 C20-20 现场搅拌	m³	0.0404				
现浇混凝土 C10-40 现场搅拌	m³	0.2020				
现浇混凝土 C25-40 现场搅拌	m³			1.0090	1.0090	
水工 现浇混凝土 C25-40 现场搅拌	m³	1.0090	1.0090			1.0090
隔离剂	kg	0.0129		0.4551	0.4551	0.4321
石油沥青 30 号	kg			0.3672	0.2244	

续表

<table>
<tr><th colspan="2">定额编号</th><th></th><th>PGT7-6</th><th>PGT7-7</th><th>PGT7-8</th><th>PGT7-9</th><th>PGT7-10</th></tr>
<tr><th colspan="2" rowspan="2">项目</th><th rowspan="2"></th><th rowspan="2">钢筋混凝土底板</th><th rowspan="2">底板上填混凝土</th><th colspan="2">钢筋混凝土墙</th><th rowspan="2">地下钢筋混凝土墙</th></tr>
<tr><th>厚度25cm以内</th><th>厚度25cm以外</th></tr>
<tr><td rowspan="18">计价材料</td><td>石油沥青玛蹄脂</td><td>m³</td><td></td><td></td><td>0.0008</td><td>0.0005</td><td></td></tr>
<tr><td>电焊条 J422 综合</td><td>kg</td><td>0.0472</td><td></td><td>0.0472</td><td>0.0283</td><td></td></tr>
<tr><td>对拉螺栓 M12</td><td>kg</td><td>0.1200</td><td>0.1200</td><td></td><td></td><td></td></tr>
<tr><td>镀锌铁丝 综合</td><td>kg</td><td>0.0052</td><td>0.0052</td><td>0.0058</td><td>0.0058</td><td>0.0058</td></tr>
<tr><td>橡胶止水带 普通型</td><td>m</td><td>0.0042</td><td></td><td></td><td></td><td>0.0893</td></tr>
<tr><td>聚氯乙烯塑料薄膜 0.5mm</td><td>m²</td><td>2.0216</td><td>2.4667</td><td>0.7217</td><td>0.7217</td><td>0.4657</td></tr>
<tr><td>氧气</td><td>m³</td><td>0.0064</td><td></td><td>0.0064</td><td>0.0038</td><td></td></tr>
<tr><td>乙炔气</td><td>m³</td><td>0.0028</td><td></td><td>0.0028</td><td>0.0017</td><td></td></tr>
<tr><td>防锈漆</td><td>kg</td><td>0.0022</td><td></td><td>0.0022</td><td>0.0013</td><td></td></tr>
<tr><td>酚醛调和漆</td><td>kg</td><td>0.0086</td><td></td><td>0.0086</td><td>0.0052</td><td></td></tr>
<tr><td>环氧树脂 E44</td><td>kg</td><td>0.0001</td><td></td><td></td><td></td><td>0.0026</td></tr>
<tr><td>水</td><td>t</td><td>0.4353</td><td>0.2910</td><td>0.3180</td><td>0.3180</td><td>0.1510</td></tr>
<tr><td>钢管脚手架 包括扣件</td><td>kg</td><td>0.0391</td><td>0.0391</td><td>3.7654</td><td>3.7654</td><td>0.0506</td></tr>
<tr><td>支撑钢管及扣件</td><td>kg</td><td></td><td></td><td>3.4560</td><td>3.4560</td><td>2.1600</td></tr>
<tr><td>钢脚手板 50×250×4000</td><td>块</td><td>0.0008</td><td>0.0008</td><td>0.0012</td><td>0.0012</td><td>0.0012</td></tr>
<tr><td>尼龙编织布</td><td>m²</td><td>0.0078</td><td>0.0078</td><td>0.0089</td><td>0.0089</td><td>0.0089</td></tr>
<tr><td>通用钢模板</td><td>kg</td><td>0.8140</td><td>0.8140</td><td>5.8547</td><td>7.3184</td><td>4.5740</td></tr>
</table>

续表

定　额　编　号			PGT7-6	PGT7-7	PGT7-8	PGT7-9	PGT7-10
项　　　目			钢筋混凝土底板	底板上填混凝土	钢筋混凝土墙		地下钢筋混凝土墙
					厚度25cm以内	厚度25cm以外	
计价材料	复合木模板	m²			2.4366	2.0305	1.2500
	木模板	m³	0.0107	0.0010	0.0162	0.0162	0.0091
	麻丝	kg			0.0983	0.0600	
	其他材料费	元	8.4200	6.6100	10.5300	10.3000	8.4900
机械	汽车式起重机　起重量　5t	台班	0.0017	0.0010	0.0350	0.0350	0.0200
	汽车式起重机　起重量　8t	台班	0.0001	0.0001			
	汽车式起重机　起重量　25t	台班			0.0001	0.0001	0.0001
	塔式起重机　起重力矩　1500kN·m	台班	0.0003	0.0003			
	塔式起重机　起重力矩　2500kN·m	台班			0.0009	0.0009	0.0009
	载重汽车　5t	台班			0.0416	0.0416	0.0260
	载重汽车　6t	台班	0.0021	0.0011	0.0001	0.0001	0.0001
	电动单筒快速卷扬机　10kN	台班	0.0021	0.0021	0.0040	0.0040	0.0040
	单笼施工电梯　提升质量（t）1　提升高度75m	台班			0.0008	0.0008	0.0008
	卷扬机架（单笼5t以内）架高　40m以内	台班	0.0021	0.0021	0.0040	0.0040	0.0040
	混凝土振捣器（插入式）	台班	0.0815	0.0770	0.1130	0.1130	0.1130
	混凝土振捣器（平台式）	台班	0.0130				

149

定 额 编 号			PGT7-6	PGT7-7	PGT7-8	PGT7-9	PGT7-10
项 目			钢筋混凝土底板	底板上填混凝土	钢筋混凝土墙		地下钢筋混凝土墙
					厚度25cm以内	厚度25cm以外	
机械	木工圆锯机 直径 φ500	台班	0.0267	0.0100	0.0200	0.0200	0.0150
	摇臂钻床 钻孔直径 φ50	台班	0.0001		0.0001		
	交流弧焊机 容量 21kVA	台班	0.0086		0.0086	0.0051	
	电动空气压缩机 排气量 3m³/min	台班	0.0001		0.0001	0.0001	
未计价材料	圆钢 φ10以下	kg	124.3380		156.0600	144.8400	139.7400

7.3 钢筋、铁件

定 额 编 号		PGT7-11	PGT7-12	PGT7-13	PGT7-14
项 目		普通钢筋	支撑钢筋（铁马）	支撑型钢（铁马）	铁件
单 位		t	t	t	t
基 价（元）		**5765.05**	**5916.09**	**8935.04**	**7965.80**
其中	人 工 费（元）	475.43	677.28	1067.04	1600.19
	材 料 费（元）	4926.43	4939.82	7565.97	5733.03
	机 械 费（元）	363.19	298.99	302.03	632.58
名 称	单位	数 量			
人工 普通工	工日	1.4064	2.7485	0.4472	8.3422
建筑技术工	工日	3.2695	4.1207	9.2907	8.4037
计价材料 铁件 钢筋	kg				220.0000
铁件 型钢	kg				880.0000
圆钢 φ10 以下	kg	153.0000			
圆钢 φ10 以上	kg	875.5000	1030.0000		
加工铁件 综合	kg			1100.0000	
电焊条 J422 综合	kg	0.8169		36.0000	47.2000
镀锌铁丝 综合	kg	3.0735	5.1153	0.0110	0.0110
氧气	m³				6.3900
乙炔气	m³				2.7800

续表

定　额　编　号			PGT7-11	PGT7-12	PGT7-13	PGT7-14
项　　目			普通钢筋	支撑钢筋（铁马）	支撑型钢（铁马）	铁件
计价材料	防锈漆	kg				2.1620
	酚醛调和漆	kg				6.1188
	水	t	0.1020			
	钢管脚手架　包括扣件	kg	0.0896	0.0896	0.0896	0.0896
	钢脚手板　50×250×4000	块	0.0020	0.0020	0.0020	0.0020
	木脚手板	m³	0.0001	0.0001	0.0001	0.0001
	尼龙编织布	m²	0.0166	0.0166	0.0166	0.0166
	其他材料费	元	96.6000	96.8600	148.3500	112.4100
机械	汽车式起重机　起重量　5t	台班				0.0180
	汽车式起重机　起重量　8t	台班	0.0252	0.0211	0.0001	0.0001
	塔式起重机　起重力矩　1500kN·m	台班	0.0003	0.0003	0.0003	0.0003
	塔式起重机　起重力矩　2500kN·m	台班	0.0004	0.0004	0.0004	0.0004
	载重汽车　5t	台班	0.5793	0.4850		
	载重汽车　6t	台班	0.0002	0.0002	0.0002	0.0002
	载重汽车　8t	台班				0.0360
	电动单筒快速卷扬机　10kN	台班	0.0041	0.0041	0.0041	0.0041
	电动单筒慢速卷扬机　50kN	台班	0.0504			

定 额 编 号			PGT7-11	PGT7-12	PGT7-13	PGT7-14
项 目			普通钢筋	支撑钢筋（铁马）	支撑型钢（铁马）	铁件
机械	单笼施工电梯　提升质量（t）1　提升高度 75m	台班	0.0004	0.0004	0.0004	0.0004
	卷扬机架（单笼5t以内）　架高　40m以内	台班	0.0041	0.0041	0.0041	0.0041
	钢筋切断机　直径　φ40	台班	0.1075	0.0900		
	钢筋弯曲机　直径　φ40	台班	0.5495	0.4600		
	摇臂钻床　钻孔直径　φ50	台班				0.0500
	剪板机　厚度×宽度　40mm×3100mm	台班				0.0020
	型钢剪断机　剪断宽度　500mm	台班				0.0110
	交流弧焊机　容量　21kVA	台班	0.3416	0.2860	4.3900	8.5510
	对焊机　容量　150kVA	台班	0.1141	0.1150		
	电动空气压缩机　排气量　3m³/min	台班				0.0845

第 8 章 金属结构工程

说　明

1. 本章定额适用于建筑物、构筑物（除第 10 章构筑物）的钢结构工程。钢结构工程包括钢结构与钢构件。定额中其他钢结构是指钢平台、钢栏杆、钢梯、钢盖板、单轨吊钢梁、设备支架（非开关场设备）等。

2. 钢结构构件连接综合考虑了焊接与螺栓连接。

3. 钢结构工程包括钢结构构件制作、购置、连接、组装、拼装、运输、安装、除锈、刷油漆、安装后补刷油漆或喷锌、安拆脚手架等工作内容。

（1）钢结构构件连接螺栓为成品购置。

（2）网架系统为成品购置。

（3）钢格栅板为镀锌结构。

4. 钢结构防火、加强防腐、喷锌、镀锌工程包括底面处理、刷喷面层等工作内容。

5. 结构现场除锈综合考虑了手工除锈、机械除锈、酸洗除锈工艺方法，执行定额时不作调整。

6. 钢结构刷油漆综合考虑了不同的施工方法与喷刷遍数，执行定额时不作调整。沿海及重度污染腐蚀地区，根据设计要求进行加强防腐，其费用单独计算。

7. 钢结构刷防火漆按照满足二级耐火等级建筑物标准考虑的，综合了不同的施工方法与喷刷遍数，执行定额时不作调整。

8. 钢结构镀锌定额包括单程 30km 的双程运输。

工程量计算规则

1. 钢结构按照钢结构构件成品质量计算工程量，应计算连接、组装所用连接件及螺栓的质量，不计算损耗量（包括钢结构下料剪切或切割损耗量、切边与切角及形孔的损耗量）。钢结构安装所用的螺栓不计算质量。

（1）钢结构屋架质量应计算屋架上下弦支撑、系杆的质量。

（2）钢结构网架质量应计算网架支撑、系杆、结点的质量。

（3）钢结构柱质量应计算柱头、柱脚、牛腿的质量。

2. 钢结构刷涂料按照钢结构构件成品质量计算。由于钢结构构件表面积的差异，计算其他钢结构刷防火涂料、防腐涂料、喷锌、镀锌质量时，按照其他钢结构的质量乘以 1.35 系数。

8.1 钢 结 构

定 额 编 号			PGT8-1	PGT8-2	PGT8-3	PGT8-4
项 目			钢屋架	钢网架	钢柱	钢梁
单 位			t	t	t	t
基 价 （元）			**6500.64**	**7182.32**	**7370.48**	**7269.16**
其中	人 工 费 （元）		214.09	315.47	76.05	92.50
	材 料 费 （元）		5887.62	6575.18	6952.76	6856.81
	机 械 费 （元）		398.93	291.67	341.67	319.85
名 称		单位	数 量			
人工	普通工	工日	0.8703	1.2815	0.3102	0.3769
	建筑技术工	工日	1.3015	1.9185	0.4616	0.5617
计价材料	钢管柱 （成品）	t			1.0050	
	钢梁 （成品）	t				1.0050
	轻型屋架 （成品）	t	0.1005			
	钢屋架 （成品）	t	0.6533			
	钢支撑 （成品）	t	0.2513			
	槽钢 16 号以下	kg	0.0720		0.0800	0.0800
	加工铁件 综合	kg	2.5955	1.2000	4.2750	2.1680
	球节点钢网架	t		1.0050		
	方材红白松 二等	m³	0.0191	0.0430	0.0080	0.0080
	电焊条 J422 综合	kg	0.8363	5.1300	0.8000	0.6400

续表

定 额 编 号			PGT8-1	PGT8-2	PGT8-3	PGT8-4
项 目			钢屋架	钢网架	钢柱	钢梁
计价材料	普通六角螺栓	kg	3.4130			1.8460
	镀锌铁丝 综合	kg	0.0087	0.0087	0.0087	0.0087
	氧气	m³	0.3227	2.0600	0.6800	0.5000
	乙炔气	m³	0.1182	0.7180		0.1750
	环氧云铁漆	kg	0.4146	0.4560	0.4130	0.4130
	钢管脚手架 包括扣件	kg	0.0625	0.0625	0.0625	0.0625
	钢脚手板 50×250×4000	块	0.0013	0.0013	0.0013	0.0013
	尼龙编织布	m²	0.0137	0.0137	0.0137	0.0137
	其他材料费	元	115.4300	128.9300	136.3300	134.4500
机械	履带式起重机 起重量 15t	台班	0.0146			
	履带式起重机 起重量 25t	台班	0.0245	0.0230	0.0180	0.0180
	履带式起重机 起重量 50t	台班	0.0217		0.0080	0.0080
	履带式起重机 起重量 150t	台班	0.0436	0.0281	0.0467	0.0426
	汽车式起重机 起重量 12t	台班	0.0014	0.0144		
	载重汽车 6t	台班	0.0002	0.0002	0.0002	0.0002
	载重汽车 8t	台班	0.0071			
	平板拖车组 20t	台班	0.0547	0.0324	0.0144	0.0144
	平板拖车组 40t	台班			0.0180	0.0180
	交流弧焊机 容量 30kVA	台班	0.3347	0.8000	0.2300	0.2300

定　额　编　号		PGT8-5	PGT8-6
项　　　目		钢支撑、桁架、墙架	其他钢结构
单　　　位		t	t
基　　价（元）		**6891.94**	**8567.71**
其中	人　工　费（元）	122.18	1298.69
	材　料　费（元）	6235.71	6047.59
	机　械　费（元）	534.05	1221.43
名　　　称	单位	数　　量	
人工	普通工	工日	0.4974	5.2522
	建筑技术工	工日	0.7422	7.9145
计价材料	型钢　综合	kg		85.6000
	钢桁架（成品）	t	0.3518	
	钢支撑（成品）	t	0.1508	
	钢墙架（成品）	t	0.5025	
	槽钢　16号以下	kg	0.7520	209.5160
	等边角钢　边长63以下	kg		186.1300
	圆钢　$\phi 10$以上	kg		113.7400
	薄钢板　4mm以下	kg		387.1500
	中厚钢板　12~20	kg		55.8400
	花纹钢板　综合	kg		30.3000
	加工铁件　综合	kg	0.4491	2.0135
	圆木杉木	m³		0.0023

159

定 额 编 号			PGT8-5	PGT8-6
项 目			钢支撑、桁架、墙架	其他钢结构
计价材料	方材红白松 二等	m³	0.0091	0.0104
	石英砂	kg		94.7380
	电焊条 J422 综合	kg	0.6434	21.8076
	普通六角螺栓	kg	2.5117	4.7190
	镀锌铁丝 综合	kg	0.0087	0.0087
	喷砂用胶管 DN40	m		0.3394
	氧气	m³	0.2643	6.1357
	乙炔气	m³	0.1050	2.1544
	防锈漆	kg		1.6438
	酚醛调和漆	kg		3.0465
	环氧富锌漆	kg		7.4447
	环氧云铁漆	kg	0.4114	8.6892
	钢管脚手架 包括扣件	kg	0.0625	0.0625
	钢脚手板 50×250×4000	块	0.0013	0.0013
	尼龙编织布	m²	0.0137	0.0137
	喷砂嘴	只		0.0424
	其他材料费	元	122.2600	118.5800
机械	履带式起重机 起重量 15t	台班		0.1128
	履带式起重机 起重量 25t	台班	0.0180	0.0348

续表

定 额 编 号			PGT8-5	PGT8-6
项 目			钢支撑、桁架、墙架	其他钢结构
机械	履带式起重机　起重量　50t	台班	0.0893	
	履带式起重机　起重量　60t	台班		0.0576
	履带式起重机　起重量　150t	台班	0.0159	
	门式起重机　起重量　10t	台班		0.3795
	门式起重机　起重量　20t	台班		0.0180
	载重汽车　6t	台班	0.0002	0.0002
	载重汽车　8t	台班	0.0032	0.0288
	平板拖车组　10t	台班		0.2660
	平板拖车组　20t	台班	0.2362	0.0072
	摇臂钻床　钻孔直径　$\phi 50$	台班		0.0490
	剪板机　厚度×宽度　40mm×3100mm	台班		0.0320
	型钢剪断机　剪断宽度　500mm	台班		0.0960
	型钢调直机	台班		0.0880
	钢板校平机　厚度×宽度　30mm×2600mm	台班		0.0070
	交流弧焊机　容量　30kVA	台班	0.2362	3.1157
	电动空气压缩机　排气量　3m³/min	台班		0.1694
	电动空气压缩机　排气量　6m³/min	台班		0.0760
	电动空气压缩机　排气量　10m³/min	台班		0.3319
	鼓风机　能力　50m³/min	台班		0.2856
	喷砂除锈机　能力　3m³/min	台班		0.3319

8.2　不 锈 钢 结 构

定　额　编　号		PGT8-7	PGT8-8
项　　目		栏杆	钢格栅板
单　　位		t	t
基　　价（元）		**22906.59**	**22216.65**
其中	人　工　费（元）	1687.12	1662.68
	材　料　费（元）	20613.63	19974.94
	机　械　费（元）	605.84	579.03
名　称	单位	数　　量	
人工 普通工	工日	6.8460	6.7468
建筑技术工	工日	10.2652	10.1165
计价材料 不锈钢板　9以上	kg		1065.0000
不锈钢管　φ45×2.5	kg	214.0000	
不锈钢管　φ60×2	kg	374.5000	
不锈钢管　φ32×1.5	kg	471.5000	
加工铁件　综合	kg	1.5700	1.5700
方材红白松　二等	m³	0.0110	0.0110
电焊条　J422　综合	kg	1.5100	1.5100
不锈钢气焊丝　综合	kg	7.8900	7.8600
钨极棒	g	44.2200	43.6400
普通六角螺栓	kg	3.2710	3.2710

续表

定　额　编　号			PGT8-7	PGT8-8
项　　　目			栏杆	钢格栅板
计价材料	镀锌铁丝　综合	kg	0.0087	0.0087
	氧气	m³	0.5290	0.5290
	乙炔气	m³	0.2090	0.2090
	氩气	m³	22.1100	21.8200
	环氧云铁漆	kg	0.6030	0.6030
	钢管脚手架　包括扣件	kg	0.0625	0.0625
	钢脚手板　50×250×4000	块	0.0013	0.0013
	尼龙编织布	m²	0.0137	0.0137
	其他材料费	元	404.1900	391.6700
机械	履带式起重机　起重量　15t	台班	0.1410	0.1410
	履带式起重机　起重量　60t	台班	0.0720	0.0720
	门式起重机　起重量　20t	台班	0.0180	0.0180
	载重汽车　6t	台班	0.0402	0.0402
	载重汽车　8t	台班	0.0360	0.0360
	金属面抛光机	台班	1.8492	1.7891
	管子切断机　管径　φ60	台班	5.8800	5.8600
	交流弧焊机　容量　30kVA	台班	0.3170	0.3170
	氩弧焊机　电流　500A	台班	1.1870	0.9500

8.3 钢结构其他项目

定 额 编 号			PGT8-9	PGT8-10	PGT8-11	PGT8-12
项　　目			钢结构			
			刷防火涂料	刷加强防腐漆	喷锌	镀锌
单　　位			t	t	t	t
基　价（元）			**1143.46**	**396.58**	**989.29**	**1968.87**
其中	人　工　费（元）		349.49	96.31	79.81	4.88
	材　料　费（元）		462.88	288.08	798.80	1809.91
	机　械　费（元）		331.09	12.19	110.68	154.08
名　　称		单位	数　　量			
人工	普通工	工日	1.0329	0.2841	0.3238	0.0610
	建筑技术工	工日	2.4041	0.6629	0.4856	
计价材料	镀锌铁丝　综合	kg	0.0087			
	普通清漆	kg	0.8800			
	防火漆	kg	8.1190			
	钢结构薄型防火涂料	kg	17.6260			
	环氧富锌漆	kg		6.8040		
	环氧云铁漆	kg		6.1875		
	钢管脚手架　包括扣件	kg	0.0625			
	钢脚手板　50×250×4000	块	0.0013			
	尼龙编织布	m²	0.0137			

续表

定 额 编 号			PGT8-9	PGT8-10	PGT8-11	PGT8-12
项 目			钢结构			
			刷防火涂料	刷加强防腐漆	喷锌	镀锌
计价材料	镀锌（建筑）	t				1.0000
	冷喷锌	t			1.0000	
	其他材料费	元	9.0800	5.6500	15.6600	35.4900
机械	汽车式起重机 起重量 16t	台班				0.0210
	载重汽车 6t	台班	0.0002			
	平板拖车组 30t	台班				0.1064
	电动空气压缩机 排气量 3m³/min	台班	2.4194	0.0891	0.8090	

第 **9** 章　管道工程

说　　明

1. 本章定额适用于站外钢筋混凝土管道、HDPE 管道。

2. 钢筋混凝土管道、HDPE 管道安装及管道建筑工程。管道按照成品购置考虑，管道建筑按照双根管道一并敷设考虑，当工程为一根管道敷设时，相应管道建筑定额乘以 0.7 系数，当工程为四根管道敷设时，相应管道建筑定额乘以 1.6 系数。

（1）管道安装工程包括场地准备、管道购置、管道安装、水压试验等工作内容。

（2）管道建筑工程包括管道土方施工、砂垫层、浇制混凝土管道基础、浇制管道支墩、安拆脚手架等工作内容。

工程量计算规则

钢筋混凝土管道、HDPE 管道工程

（1）管道安装按照管道单根铺设长度计算工程量。不扣除管道连接井、阀门井等各类井所占长度，各类井按照相应定额另行计算。

（2）管道建筑按照双根管道一并铺设的长度计算工程量，不扣除管道连接井、阀门井等各类井所占长度。

9.1 混凝土管道

定额编号		PGT9-1	PGT9-2	PGT9-3
项目		混凝土管管道建筑		
		$\phi300\sim\phi500$	$\phi600\sim\phi800$	$\phi1000\sim\phi1200$
单位		m	m	m
基价（元）		**136.57**	**243.24**	**429.81**
其中	人工费（元）	52.99	83.10	158.37
	材料费（元）	47.50	100.27	186.03
	机械费（元）	36.08	59.87	85.41
名称	单位	数量		
人工	普通工	工日	0.6079	0.9237	1.7375
	建筑技术工	工日	0.0393	0.0829	0.1745
计价材料	现浇混凝土 C20-20 现场搅拌	m³			0.0149
	现浇混凝土 C20-40 现场搅拌	m³	0.1194	0.2518	0.4313
	隔离剂	kg	0.0499	0.1053	0.1851
	镀锌铁丝 综合	kg			0.0406
	聚氯乙烯塑料薄膜 0.5mm	m²	0.5035	1.0624	1.8830
	水	t	0.0639	0.1348	0.2472
	钢管脚手架 包括扣件	kg			0.4338
	支撑钢管及扣件	kg	0.0124	0.0262	0.0449
	钢脚手板 50×250×4000	块			0.0068

定 额 编 号			PGT9-1	PGT9-2	PGT9-3
项 目			混凝土管管道建筑		
			φ300~φ500	φ600~φ800	φ1000~φ1200
计价材料	木脚手板	m³			0.0003
	尼龙编织布	m²			0.0045
	通用钢模板	kg	0.4497	0.9487	1.6249
	木模板	m³	0.0041	0.0087	0.0185
	其他材料费	元	0.9300	1.9700	3.6500
机械	履带式推土机 功率 75kW	台班	0.0015	0.0022	0.0036
	轮胎式装载机 斗容量 2m³	台班	0.0021	0.0040	0.0032
	履带式单斗液压挖掘机 斗容量 1m³	台班	0.0132	0.0201	0.0327
	电动夯实机 夯击能量 250N·m	台班	0.1714	0.2448	0.4528
	汽车式起重机 起重量 5t	台班	0.0020	0.0042	0.0075
	载重汽车 5t	台班	0.0031	0.0065	0.0111
	载重汽车 6t	台班			0.0014
	自卸汽车 12t	台班	0.0089	0.0169	0.0139
	混凝土振捣器 （插入式）	台班	0.0082	0.0172	0.0312
	木工圆锯机 直径 φ500	台班	0.0053	0.0112	0.0254

定 额 编 号		PGT9-4	PGT9-5	PGT9-6	PGT9-7	PGT9-8	PGT9-9	PGT9-10
项 目		钢筋混凝土管道安装						
		$\phi300$	$\phi400$	$\phi500$	$\phi600$	$\phi700$	$\phi800$	$\phi900$
单 位		m	m	m	m	m	m	m
基 价（元）		**68.50**	**86.94**	**125.13**	**162.64**	**199.79**	**252.72**	**307.42**
其中	人 工 费（元）	7.12	8.09	9.34	8.80	9.81	11.03	12.64
	材 料 费（元）	57.53	75.00	109.80	147.85	183.99	233.99	287.08
	机 械 费（元）	3.85	3.85	5.99	5.99	5.99	7.70	7.70
名 称	单位	数 量						
人工 普通工	工日	0.0331	0.0395	0.0481	0.0404	0.0460	0.0530	0.0625
建筑技术工	工日	0.0403	0.0444	0.0495	0.0502	0.0552	0.0612	0.0688
计价材料 普通硅酸盐水泥 32.5	t	0.0001	0.0002	0.0003	0.0005	0.0076	0.0009	0.0011
水泥砂浆 M5	m³	0.0002	0.0003	0.0004	0.0009	0.0013	0.0016	0.0020
水泥砂浆 1:2	m³	0.0002	0.0003	0.0005	0.0005	0.0008	0.0009	0.0011
膨胀水泥砂浆 1:1	m³	0.0002	0.0003	0.0003	0.0004	0.0005	0.0006	0.0007
钢筋混凝土管 $\phi300$	m	0.9800						
钢筋混凝土管 $\phi400$	m		0.9800					
钢筋混凝土管 $\phi500$	m			0.9800				
钢筋混凝土管 $\phi600$	m				0.9800			
钢筋混凝土管 $\phi700$	m					0.9800		
钢筋混凝土管 $\phi800$	m						0.9800	
钢筋混凝土管 $\phi900$	m							0.9800

171

续表

定 额 编 号			PGT9-4	PGT9-5	PGT9-6	PGT9-7	PGT9-8	PGT9-9	PGT9-10
项 目			钢筋混凝土管道安装						
			φ300	φ400	φ500	φ600	φ700	φ800	φ900
计价材料	标准砖 240×115×53	千块	0.0003	0.0005	0.0008	0.0018	0.0025	0.0032	0.0040
	其他材料费	元	1.1300	1.4700	2.1500	2.9000	3.6100	4.5900	5.6300
机械	汽车式起重机 起重量 16t	台班	0.0018	0.0018	0.0028	0.0028	0.0028	0.0036	0.0036
	管子拖车 24t	台班	0.0009	0.0009	0.0014	0.0014	0.0014	0.0018	0.0018
	电动单筒快速卷扬机 50kN	台班	0.0009	0.0009	0.0014	0.0014	0.0014	0.0018	0.0018
	电动单级离心清水泵 出口直径 φ150	台班	0.0009	0.0009	0.0014	0.0014	0.0014	0.0018	0.0018

9.2 钢 管 管 道

定 额 编 号		PGT9-11	PGT9-12	PGT9-13
项 目		钢管管道建筑		
		$\phi300\sim\phi500$	$\phi600\sim\phi800$	$\phi900\sim\phi1200$
单 位		m	m	m
基 价 （元）		**159.09**	**232.01**	**437.81**
其中	人 工 费 （元）	49.06	75.37	179.17
	材 料 费 （元）	87.70	115.53	179.37
	机 械 费 （元）	22.33	41.11	79.27
名 称	单位	数 量		
人工	普通工	工日	0.5036	0.7977	2.0115
	建筑技术工	工日	0.0790	0.1041	0.1644
计价材料	中砂	m³	1.0285	1.3548	2.0754
	镀锌铁丝 综合	kg			0.0298
	水	t	0.2676	0.3525	0.5400
	钢管脚手架 包括扣件	kg			0.3181
	钢脚手板 50×250×4000	块			0.0050
	木脚手板	m³			0.0002
	尼龙编织布	m²			0.0033
	其他材料费	元	1.7200	2.2700	3.5200

定　额　编　号			PGT9-11	PGT9-12	PGT9-13
项　　　目			钢管管道建筑		
			$\phi300\sim\phi500$	$\phi600\sim\phi800$	$\phi900\sim\phi1200$
机械	履带式推土机　功率　75kW	台班	0.0010	0.0018	0.0043
	轮胎式装载机　斗容量　2m³	台班	0.0012	0.0026	0.0018
	履带式单斗液压挖掘机　斗容量　1m³	台班	0.0092	0.0161	0.0384
	电动夯实机　夯击能量　250N·m	台班	0.1389	0.2253	0.5995
	载重汽车　6t	台班			0.0008
	自卸汽车　12t	台班	0.0051	0.0112	0.0078

9.3 HDPE 管 道

定 额 编 号			PGT9-14	PGT9-15	PGT9-16	PGT9-17	PGT9-18
项 目			HDPE 管管道建筑		HDPE 管道安装		
			DN400 以内	DN800 以内	DN400 以内	DN600 以内	DN800 以内
单 位			m	m	m	m	m
基 价（元）			**146.65**	**254.43**	**167.13**	**368.08**	**566.35**
其中	人 工 费（元）		64.72	96.61	4.13	5.12	7.00
	材 料 费（元）		46.68	99.72	153.77	353.66	549.73
	机 械 费（元）		35.25	58.10	9.23	9.30	9.62
名 称		单位	数 量				
人工	普通工	工日	0.7556	1.0933	0.0038	0.0048	0.0065
	建筑技术工	工日	0.0385	0.0824	0.0345	0.0427	0.0584
计价材料	现浇混凝土 C20-40 现场搅拌	m³	0.1170	0.2502			
	隔离剂	kg	0.0489	0.1046			
	聚氯乙烯塑料薄膜 0.5mm	m²	0.4937	1.0556			
	水	t	0.0626	0.1339			
	支撑钢管及扣件	kg	0.0122	0.0260			
	通用钢模板	kg	0.4409	0.9426			
	木模板	m³	0.0041	0.0087			
	HDPE 管 DN400	m			1.0050		
	HDPE 管 DN600	m				1.0050	

定 额 编 号			PGT9-14	PGT9-15	PGT9-16	PGT9-17	PGT9-18
项　　　目			HDPE 管管道建筑		HDPE 管道安装		
			DN400 以内	DN800 以内	DN400 以内	DN600 以内	DN800 以内
计价材料	HDPE 管　DN800	m					1.0050
	其他材料费	元	0.9100	1.9500	3.0200	6.9300	10.7800
机械	履带式推土机　功率　75kW	台班	0.0013	0.0020			
	轮胎式装载机　斗容量　2m³	台班	0.0021	0.0040			
	履带式单斗液压挖掘机　斗容量　1m³	台班	0.0116	0.0176			
	电动夯实机　夯击能量　250N·m	台班	0.2207	0.3012			
	汽车式起重机　起重量　5t	台班	0.0020	0.0042	0.0142	0.0143	0.0148
	载重汽车　5t	台班	0.0030	0.0064			
	自卸汽车　12t	台班	0.0089	0.0169			
	混凝土振捣器（插入式）	台班	0.0080	0.0171			
	木工圆锯机　直径　φ500	台班	0.0052	0.0112			

第 10 章 站区性建筑工程

说　　明

1. 本章定额适用于站区的道路与地坪、围墙与大门、支架与支墩、沟（管）道与隧道、井池、挡土墙与护坡工程。

2. 本章定额中均包括土方施工。当工程发生石方施工时，按相应的定额人工费增加25%。

3. 道路与地坪工程。

（1）道路与地坪工程包括路床土方开挖、土方外运、碾压试验、铺设基层、铺设垫层、安砌路缘石、铺设面层、浇制护脚、填伸缩缝、浇制或砌筑路面上雨水口、安装雨水箅子等工作内容。不包括弹软土地基处理，发生时按照地基处理定额另行计算。不包括水泥稳定基层，发生时按照预算定额另行计算。

（2）道路定额是按照设置路缘石考虑的，当道路无路缘石时，每立方米道路单价中核减22元；当道路路缘石采用花岗岩条石时，每立方米道路单价中增加40元。

4. 围墙与大门工程。

（1）围墙工程包括基础土方施工、砌筑基础、浇制或预制钢筋混凝土基础梁、砌筑围墙与围墙柱、围墙抹灰（含压顶抹灰）、刷涂料、安装泄水孔、填伸缩缝、钢围栅与围栅柱制作及安装、金属构件运输及刷油、安拆脚手架等工作内容。砖围墙装饰按照抹砂浆后刷涂料考虑的，当采用其他装饰面层时，可参照墙体装饰定额调整。

（2）砌石墙工程包括块石打荒、勾缝等工作内容。

（3）安装铁丝网工程包括金属支柱制作与安装及刷油、安装铁丝网等工作内容。

（4）基础埋深每增减30cm，定额包括基础土方开挖与夯填及运输、砌筑基础等工作内容。

（5）大门工程包括门柱基础土方施工、砌筑基础、砌筑门柱、砌筑伸缩门墙、配合预埋电线管、门柱与伸缩墙抹灰装饰、大门轨道制作与安装、大门制作与安装、电动大门购置与安装及调试、金属构件运输及刷油、安拆脚手架等工作内容。

（6）防火墙工程包括防火墙土方施工、浇制垫层、浇制或砌筑基础、浇制防火墙、砌筑防火墙、浇制防火墙框架、预制与安装防火墙板、预埋铁件、抹灰、刷涂料、安拆脚手架等工作内容。

5. 支架与支墩工程包括基础土方施工、浇制垫层、浇制基础、浇制或预制钢筋混凝土支架、预制支架运输与安装及灌缝、刷水泥浆或刷涂料、钢结构构件制作与安装、金属构件运输与刷油、砌筑支墩、抹水泥砂浆、预埋铁件、安拆脚手架等工作内容。

（1）支架定额子目适用于全站（所）建筑室外及站（所）区外管道、电缆等单层或多层支架。

（2）支墩定额子目适用于全站（站）建筑室外及站（所）区外管道支墩，不用于室内管道和设备基础支墩。

6. 沟（管）道与隧道工程。

（1）沟道与隧道工程包括土方施工、铺设垫层、浇制隧道、浇制沟道、浇制支墩、砌筑沟道、砌筑支墩、浇制混凝土压顶、填伸缩缝、浇制排水坑、砌筑排水坑、抹排水坡、沟盖板制作与安装、盖板角钢框制作与安装、电缆槽沟制作与安装、沟壁与底板抹防水砂浆、加浆勾缝、外壁涂热沥青、预埋铁件、安拆脚手架等工作内容。定额综合了沟道与隧道的断面尺寸、埋深、壁厚，执行定额时不作调整。

（2）室外管道工程包括管沟土方施工、铺设垫层、浇制基础、管道加工、成品购置、管道与管件安装、阀门与补偿器（伸缩节）安装、支架制作与安装、保温油漆、防腐保护、冲洗与水压试验、安拆脚手架等工作内容。定额综合了管道直径、埋深、压力，执行定额时不作调整。

（3）室内外沟道、隧道以建筑物或构筑物外墙外 1m 处分界。

7. 防水、防腐定额适用于室内外基础、沟道、池井、墙、地面、底板等项目的防水、防腐工程。防水、防腐工程包括清理底层、抹找平层、抹（涂）面层、贴砌块料面层、铺设附加层、接缝与收头、安拆脚手架等工作内容。

8. 井、池工程。

（1）井、池工程包括土方施工、浇制混凝土垫层与底板、砌筑井或池、浇制井或池（包括池底、池壁、支柱、顶板、集水坑、人孔）、内外壁与底抹防水砂浆、池底找坡、外壁刷热沥青、预制顶板制作与运输及安装、安装铸铁盖板、制作与安装人孔盖板、爬梯制作与安装、预埋铁件、回填砂砾石、搭拆脚手架等工作内容。

（2）在定额子目容积区间以外的井、池可以采用插入法计算定额单价。

9. 护坡与挡土墙工程。

（1）护坡工程包括边坡修整、基底夯实、铺设垫层、砌筑或浇制护坡、面层、铺砌台阶与池埂、铺设植被、安拆脚手架等工作内容。

（2）挡土墙工程包括挡土墙基础部分土方施工、浇制混凝土垫层、浇制基础、浇制挡土墙、砌筑基础、砌筑挡土墙、安装泄水孔、充填伸缩缝、加浆勾缝，墙顶抹水泥砂浆、安拆脚手架等工作内容。

10. 装配式构件安装。

（1）装配式建筑构件按外购成品考虑，包括钢筋、铁件。

（2）装配式建筑构件包括构件卸车、堆放支架。

（3）装配式建筑构件包括安装费用。

（4）装配式建筑钢筋混凝土基础，包括浇制混凝土垫层。

（5）装配式建筑钢筋混凝土电缆沟、水池，包括浇制混凝土垫层。

（6）装配式建筑钢筋混凝土围墙板，包括浇制混凝土垫层、浇制混凝土基础。

（7）装配式建筑钢筋混凝土防火墙，包括浇制混凝土垫层、浇制混凝土基础。

工程量计算规则

1. 道路与地坪工程。

（1）道路按照道路、地坪体积计算工程量。体积＝面积×厚度，厚度为基层、底层、面层三层厚度之和；面积按照水平投影面积计算，有路缘石的道路按照路缘石内侧计算面积。计算体积时，不扣除路面上雨水口所占的体积，其费用不单独计算。

（2）地下给水、排水、消防水、雨水管线等布置在道路下面时，路面需要设置的各种井按照净空体积另行计算，计算道路工程量时，不扣除井所占的工程量，路面由此增加的工作量不单独计算。

（3）预制块路面按照面积计算工程量。计算面积时，不扣除单个 $0.5m^2$ 以内设备所占的面积。当预制块路面厚度与定额不同时，不作调整。

2. 围墙与大门工程。

（1）围墙按照围墙面积计算工程量。围墙长度按照墙体中心线长度计算，不扣除围墙柱、伸缩缝等所占的长度，扣除大门与边门及大门柱所占的长度；围墙高度从室外地坪标高计算至围墙顶标高（不包括压顶抹灰高度）。

（2）围墙厚度不同时可以调整。砖围墙定额按照 240mm 厚编制，370mm 厚砖围墙定额调整 1.34系数，180mm 厚砖围墙定额调整 0.84 系数。石墙定额按照 350mm 厚编制，石墙厚度每增加 50mm 定额调增 1.115 系数，石墙厚度每减少 50mm 定额调减 0.115 系数。

（3）铁丝网按照面积计算工程量，长度按照围墙长度计算，铁丝网高度从墙顶计算至金属柱顶。

（4）围墙基础按照 1.5m 埋深（室外整平标高至基础底标高）考虑的。基础埋深每增减 30cm 定额按照围墙长度计算工程量。基础埋深每增减 30cm 为一个调整深度，基础埋深增减余量不足 30cm 但大于或等于 10cm 的计算一个调整深度。

（5）大门按照大门面积计算工程量，应计算边门面积。

（6）防火墙按照防火墙体积计算工程量，防火墙高度从室外地坪标高计算至防火墙顶标高（不含抹灰厚度），基础墙、基础不计算工程量。

3. 支架与支墩工程。

（1）混凝土支架按照混凝土支架体积计算工程量，应计算柱、梁、支架头部。柱高从零米标高计算至支架顶标高，预制支架应计算插入基础部分支架柱长度。不计算基础短柱与基础体积。

（2）钢结构支架按照钢结构支架重量计算工程量，应计算柱、梁、支撑、牛腿、柱脚，插入基础部分的钢结构计算重量。基础不单独计算费用。

（3）支墩按照支墩体积计算工程量，应计算支墩地上与地下部分。

4. 沟道、隧道与室外管道工程。

（1）沟道、隧道按照其净空体积（结构容积）计算工程量，净空体积＝沟（隧）道净断面面积（结构）×沟（隧）道长度。沟（隧）道长度按照净空长度计算，扣除各种井所占的长度，不扣除沟（隧）道与道路交叉、沟（隧）道交叉长度，站区沟（隧）道与房屋内的沟（隧）道以房屋轴线外 1m 分界。各种井按照井池定额另行计算。

（2）电缆槽沟长度按照电缆槽沟铺设长度计算。

（3）室外采暖管道、生活给水钢管道、室外消防水管道按照管道的重量计算工程量，计算管件、阀门、法兰、补偿器、室外消火栓、支架等重量。站区管道与房屋内的管道以房屋轴线外 1m 分界；直埋管道与沟道内管道以沟道外壁分界。

（4）室外生活给水 PVC 管道按照单根管道敷设长度计算工程量，不扣除阀门井、检查井等所占的长度，阀门井与检查井按照井池定额另行计算，站区管道与房屋内的管道以房屋轴线外 1m 分界。

（5）室外排水、雨水管道按照单根管道敷设长度计算工程量，不扣除阀门井、检查井等所占的长度，阀门井与检查井按照井池定额另行计算，站区排水管道与房屋内的排水管道以房屋轴线外 1m 分界。

（6）防水、防腐按照面积计算工程量，扣除单个大于 $1m^2$ 的孔洞或设备基础等所占的面积，附加层、接缝、收头等不单独计算。

5. 井、池工程。

井、池按照其净空体积（结构容积）计算工程量，不扣除井或池内设备、支墩、支柱、管道等所占的体积。

6. 护坡与挡土墙工程。

（1）计算护坡面积时按照斜面计算，不扣除台阶、池埂等所占面积。台阶、池埂的费用不单独计算。

（2）砌体护坡按照砌体护坡体积计算工程量，护坡体积＝护坡面积×护坡厚度，护坡厚度应计算垫层厚度。

（3）挡土墙按照挡土墙体积计算工程量，挡土墙体积＝基础体积＋挡土墙体积。计算体积时，不扣除泄水孔、伸缩缝所占体积，不计算垫层体积。

7. 装配式建筑构件安装。

（1）装配式建筑构件工程量均按照设计图示尺寸以体积计算工程量，不扣除构件内钢筋、预埋铁件等所占体积。

（2）装配围墙、板安装，不扣除单个面积≤0.3m² 的孔洞所占体积。

10.1 道路与地坪

定 额 编 号			PGT10-1	PGT10-2	PGT10-3	PGT10-4
项 目			混凝土路面	沥青混凝土路面	泥结石路面	方整石地坪
单 位			m³	m³	m³	m³
基 价（元）			**251.60**	**233.54**	**187.75**	**148.91**
其中	人 工 费（元）		50.88	41.19	38.30	33.94
	材 料 费（元）		170.10	174.81	122.95	99.41
	机 械 费（元）		30.62	17.54	26.50	15.56
名 称		单位	数 量			
人工	普通工	工日	0.4256	0.3309	0.3381	0.2971
	建筑技术工	工日	0.1516	0.1326	0.1014	0.0916
计价材料	圆钢 φ10 以下	kg	1.0200			
	铸铁平箅	套	0.0152	0.0152	0.0152	
	加工铁件 综合	kg	0.0796			
	板材红白松 一等	m³	0.0006			
	水泥砂浆 M10	m³	0.0018	0.0023	0.0028	
	水泥砂浆 M5	m³	0.0066	0.0066	0.0066	
	水泥砂浆 1:2.5	m³	0.0004	0.0004	0.0004	0.0022
	水泥砂浆 1:3	m³	0.0008	0.0008	0.0008	
	沥青砂浆 1:2:6	m³		0.0030		
	素水泥浆	m³	0.0001	0.0001	0.0001	

续表

定 额 编 号			PGT10-1	PGT10-2	PGT10-3	PGT10-4
项 目			混凝土路面	沥青混凝土路面	泥结石路面	方整石地坪
计价材料	沥青混凝土 中粒式	m³		0.0945		
	现浇混凝土 C10-40 现场搅拌	m³	0.0259	0.0322	0.0405	
	现浇混凝土 C25-40 现场搅拌	m³	0.2213			
	方整石 厚120	m²				0.3822
	混凝土侧石	m	0.3811	0.4738	0.5974	
	混凝土平石	m	0.1648	0.2060	0.2575	
	中砂	m³			0.4490	0.0313
	碎石 50	m³	0.1887	0.2399	0.8350	0.2401
	块石	m³	0.4666	0.5301		0.6634
	灰土 2∶8	m³	0.3296	0.3746		
	标准砖 240×115×53	千块	0.0055	0.0055	0.0055	
	石油沥青 30号	kg	0.1092			
	镀锌铁丝 综合	kg	0.0088			
	水	t	0.0011	0.0011	0.0011	
	其他材料费	元	3.3300	3.4300	2.4100	1.9500
机械	履带式推土机 功率 105kW	台班	0.0057	0.0060	0.0080	0.0047
	轮胎式装载机 斗容量 2m³	台班	0.0176	0.0011	0.0018	0.0015
	钢轮内燃压路机 工作质量 12t	台班	0.0057	0.0061	0.0055	0.0052
	钢轮内燃压路机 工作质量 15t	台班		0.0027	0.0088	

定　额　编　号			PGT10-1	PGT10-2	PGT10-3	PGT10-4
项　　　　目			混凝土路面	沥青混凝土路面	泥结石路面	方整石地坪
机械	沥青混凝土自动找平摊铺机　装载质量　8t	台班		0.0007		
	混凝土切缝机　功率　7.5kW	台班	0.0007			
	载重汽车　5t	台班	0.0005			
	自卸汽车　12t	台班	0.0053	0.0045	0.0077	0.0063
	电动单筒慢速卷扬机　50kN	台班	0.0003			
	混凝土振捣器（平台式）	台班	0.0226			
	钢筋切断机　直径　φ40	台班	0.0001			
	钢筋弯曲机　直径　φ40	台班	0.0005			
	交流弧焊机　容量　21kVA	台班	0.0003			
	电动空气压缩机　排气量　0.6m³/min	台班	0.0001			
	岩石切割机　能力　3kW	台班	0.0011	0.0013	0.0017	0.0046

定 额 编 号			PGT10-5	PGT10-6
项 目			预制块路面	广场砖地坪
单 位			m²	m²
基 价（元）			**100. 61**	**74. 73**
其中	人 工 费（元）		14. 44	17. 15
	材 料 费（元）		80. 46	52. 15
	机 械 费（元）		5. 71	5. 43
名 称		单位	数 量	
人工	普通工	工日	0. 1218	0. 1200
	建筑技术工	工日	0. 0423	0. 0680
计价材料	水泥砂浆 M10	m³	0. 0059	
	素水泥浆	m³		0. 0010
	现浇混凝土 C10-40 现场搅拌	m³	0. 0911	
	广场砖 100×100×18	m²		1. 0100
	混凝土平石	m	1. 3699	
	混凝土预制块 250×250×55	块	16. 5000	
	中砂	m³	0. 1073	0. 1860
	其他材料费	元	1. 5800	1. 0200
机械	履带式推土机 功率 105kW	台班	0. 0015	0. 0015
	钢轮内燃压路机 工作质量 12t	台班	0. 0042	0. 0041
	电动夯实机 夯击能量 250N·m	台班	0. 0500	0. 0500
	岩石切割机 能力 3kW	台班	0. 0027	

10.2 围墙与大门

10.2.1 围墙

定 额 编 号			PGT10-7	PGT10-8	PGT10-9	PGT10-10	PGT10-11
项 目			砖围墙	无基础砖围墙	砖柱围栅	无基础砖柱围栅	钢柱围栅
单 位			m²	m²	m²	m²	m²
基 价 (元)			**231.97**	**154.21**	**441.20**	**294.93**	**290.32**
其中	人 工 费 (元)		67.26	46.79	117.00	73.25	94.64
	材 料 费 (元)		159.38	104.59	279.86	183.46	158.78
	机 械 费 (元)		5.33	2.83	44.34	38.22	36.90
名 称		单位	数 量				
人工	普通工	工日	0.3637	0.1911	0.6747	0.3387	0.8679
	建筑技术工	工日	0.3438	0.2838	0.5678	0.4158	0.2271
计价材料	等边角钢 边长30以下	kg			11.2880	11.2880	
	扁钢 综合	kg			5.5488	5.5488	1.3000
	方钢 综合	kg			5.6032	5.6032	
	铁件 钢筋	kg	0.2200		1.1000	0.4400	
	铁件 型钢	kg	0.8800		4.4000	1.7600	
	圆钢 φ10以下	kg	1.0200		1.0200		
	圆钢 φ10以上	kg	4.1200		4.1200		

190

续表

定 额 编 号			PGT10-7	PGT10-8	PGT10-9	PGT10-10	PGT10-11
项 目			砖围墙	无基础砖围墙	砖柱围栅	无基础砖柱围栅	钢柱围栅
计价材料	钢板网围栅	m²					1.0500
	薄钢板 4mm 以下	kg			1.1696	1.1696	
	中厚钢板 20~30	kg			1.8564	1.8564	5.2600
	焊接钢管 DN50	kg					10.5500
	预埋铁件 综合	kg			1.2206	1.2206	2.7200
	板材红白松 二等	m³	0.0002	0.0002	0.0001	0.0001	
	水泥木丝板 25mm	m²	0.0251	0.0220	0.0188	0.0188	
	普通硅酸盐水泥 32.5	t	0.0033	0.0033	0.0025	0.0017	
	白水泥	t	0.0004	0.0004			
	水泥砂浆 M5	m³	0.0961	0.0651	0.0790	0.0098	
	水泥砂浆 1:2	m³			0.0001		
	水泥砂浆 1:2.5	m³	0.0164	0.0168	0.0084	0.0041	
	水泥砂浆 1:3	m³	0.0379	0.0389	0.0159	0.0094	
	素水泥浆	m³			0.0005		
	现浇混凝土 C30-10 现场搅拌	m³			0.0018		
	现浇混凝土 C25-40 现场搅拌	m³	0.0333				0.0807
	现浇混凝土 C30-40 现场搅拌	m³			0.0331		
	隔离剂	kg	0.0069		0.0340		0.0171

续表

定 额 编 号			PGT10-7	PGT10-8	PGT10-9	PGT10-10	PGT10-11
项 目			砖围墙	无基础砖围墙	砖柱围栅	无基础砖柱围栅	钢柱围栅
计价材料	毛石 70~190	m³	0.1010		0.1975		
	标准砖 240×115×53	千块	0.1330	0.1426	0.0248	0.0248	
	石油沥青 30 号	kg	0.2612	0.2285	0.1959	0.1959	
	丙烯酸漆	kg	0.3740	0.3740	0.2856	0.1972	
	电焊条 J422 综合	kg	0.0510		1.5227	1.3632	0.4860
	对拉螺栓 M16	kg					0.0368
	圆钉	kg			0.0017		
	镀锌铁丝 综合	kg	0.0272	0.0112	0.0269	0.0108	
	聚氯乙烯塑料薄膜 0.5mm	m²	0.0796		0.0773		0.1043
	氧气	m³	0.0064		0.0320	0.0128	
	乙炔气	m³	0.0028		0.0139	0.0056	
	防锈漆	kg	0.0022		0.2284	0.2219	
	酚醛调和漆	kg			0.3533	0.3447	0.2155
	水	t	0.0413	0.0287	0.0263	0.0050	0.0252
	钢管脚手架 包括扣件	kg	0.0222	0.0244	0.0216	0.0235	
	钢脚手板 50×250×4000	块	0.0013	0.0014	0.0013	0.0014	
	木脚手板	m³	0.0001	0.0001	0.0001	0.0001	
	通用钢模板	kg	0.3233		0.2190		0.3168

定 额 编 号			PGT10-7	PGT10-8	PGT10-9	PGT10-10	PGT10-11
项 目			砖围墙	无基础砖围墙	砖柱围栅	无基础砖柱围栅	钢柱围栅
计价材料	木模板	m³	0.0001		0.0012		0.0003
	其他材料费	元	3.1300	2.0500	5.4900	3.6000	3.1100
机械	电动夯实机 夯击能量 250N·m	台班	0.0049		0.0094		0.0025
	履带式起重机 起重量 15t	台班			0.0010		
	汽车式起重机 起重量 5t	台班	0.0002		0.0008		0.0004
	汽车式起重机 起重量 8t	台班	0.0001		0.0191	0.0190	0.0195
	载重汽车 5t	台班	0.0027		0.0024		0.0006
	载重汽车 6t	台班	0.0002	0.0003	0.0002	0.0003	
	载重汽车 8t	台班			0.0260	0.0252	0.0296
	电动单筒慢速卷扬机 50kN	台班	0.0003		0.0003		
	混凝土振捣器（插入式）	台班	0.0037		0.0041		0.0062

定 额 编 号			PGT10-7	PGT10-8	PGT10-9	PGT10-10	PGT10-11
项 目			砖围墙	无基础砖围墙	砖柱围栅	无基础砖柱围栅	钢柱围栅
机械	钢筋切断机 直径 ϕ40	台班	0.0005		0.0005		
	钢筋弯曲机 直径 ϕ40	台班	0.0023		0.0023		
	木工圆锯机 直径 ϕ500	台班	0.0001		0.0009		
	摇臂钻床 钻孔直径 ϕ50	台班	0.0001		0.0003	0.0001	
	型钢剪断机 剪断宽度 500mm	台班			0.0014	0.0014	0.0010
	交流弧焊机 容量 21kVA	台班	0.0100		0.1416	0.1123	0.0700
	对焊机 容量 150kVA	台班	0.0004		0.0004		
	电动空气压缩机 排气量 3m³/min	台班			0.0049	0.0048	0.0030
	电动空气压缩机 排气量 6m³/min	台班	0.0110	0.0110	0.0084	0.0058	

定 额 编 号		PGT10-12	PGT10-13	PGT10-14	PGT10-15	PGT10-16
项 目		砌条、块、卵石墙	砌体围墙	砖墙安装铁丝网	独立基础埋深	条形基础埋深
					每增减 30cm	
单 位		m²	m²	m²	m	m
基 价（元）		**269.77**	**186.25**	**82.85**	**15.96**	**53.65**
其中	人 工 费（元）	95.62	49.70	21.98	6.52	19.76
	材 料 费（元）	173.75	133.91	50.40	9.38	33.74
	机 械 费（元）	0.40	2.64	10.47	0.06	0.15
名 称	单位			数 量		
人工 普通工	工日	0.5508	0.2948	0.2030	0.0606	0.1715
建筑技术工	工日	0.4645	0.2353	0.0517	0.0151	0.0544
铁件 钢筋	kg			0.2200		
铁件 型钢	kg			0.8800		
圆钢 φ10 以下	kg			1.0200		
圆钢 φ10 以上	kg			4.1200		
计价材料 铁刺网	m²			1.0650		
预埋铁件 综合	kg			4.9518		
水泥木丝板 25mm	m²	0.0314	0.0251			
水泥砂浆 M10	m³		0.0243			
水泥砂浆 M5	m³	0.2207	0.0415		0.0197	0.0707
水泥砂浆 1:2.5	m³	0.0013				
水泥砂浆 1:3	m³	0.0208				

续表

定 额 编 号			PGT10-12	PGT10-13	PGT10-14	PGT10-15	PGT10-16
项 目			砌条、块、卵石墙	砌体围墙	砖墙安装铁丝网	独立基础埋深	条形基础埋深
						每增减 30cm	
计价材料	现浇混凝土 C25-40 现场搅拌	m³		0.0333			
	隔离剂	kg		0.0069			
	硅酸盐砌块 280×430×240	块		0.7575			
	硅酸盐砌块 430×430×240	块		0.2550			
	硅酸盐砌块 580×430×240	块		0.6600			
	硅酸盐砌块 880×430×240	块		2.1720			
	毛石 70~190	m³	0.4488	0.1010		0.0561	0.2020
	毛石细料石	m³	0.4329				
	标准砖 240×115×53	千块		0.0084			
	石油沥青 30 号	kg	0.3265	0.2612			
	电焊条 J422 综合	kg		0.0510	0.4680		
	镀锌铁丝 综合	kg	0.0172	0.0272	0.0050		
	聚氯乙烯塑料薄膜 0.5mm	m²		0.0796			
	氧气	m³		0.0064			
	乙炔气	m³		0.0028			
	防锈漆	kg		0.0022			
	水	t	0.1775	0.0532		0.0040	0.0142
	钢管脚手架 包括扣件	kg	0.0376	0.0222	0.0109		

定 额 编 号			PGT10-12	PGT10-13	PGT10-14	PGT10-15	PGT10-16
项 目			砌条、块、卵石墙	砌体围墙	砖墙安装铁丝网	独立基础埋深	条形基础埋深
						每增减 30cm	
计价材料	钢脚手板 50×250×4000	块	0.0022	0.0013	0.0006		
	木脚手板	m³	0.0002	0.0001	0.0001		
	通用钢模板	kg		0.3233			
	木模板	m³		0.0001			
	其他材料费	元	3.4100	2.6300	0.9900	0.1800	0.6600
机械	电动夯实机 夯击能量 250N·m	台班	0.0070	0.0049		0.0021	0.0053
	汽车式起重机 起重量 5t	台班		0.0002	0.0060		
	汽车式起重机 起重量 8t	台班		0.0001			
	载重汽车 5t	台班		0.0027			
	载重汽车 6t	台班	0.0004	0.0002	0.0021		
	电动单筒慢速卷扬机 50kN	台班		0.0003			
	混凝土振捣器（插入式）	台班		0.0037			
	钢筋切断机 直径 φ40	台班		0.0005			
	钢筋弯曲机 直径 φ40	台班		0.0023			
	木工圆锯机 直径 φ500	台班		0.0001			
	摇臂钻床 钻孔直径 φ50	台班		0.0001			
	交流弧焊机 容量 21kVA	台班		0.0100	0.0819		
	对焊机 容量 150kVA	台班		0.0004			

10.2.2 围墙大门

定 额 编 号		PGT10-17	PGT10-18	PGT10-19	PGT10-20
项 目		钢管铁丝网大门	钢围栅大门	电动自动伸缩门	汽车限行栏杆
单 位		m²	m²	m²	套
基 价 （元）		**353.24**	**539.20**	**1974.45**	**3127.45**
其中	人 工 费 （元）	117.96	160.54	159.45	54.36
	材 料 费 （元）	203.46	320.39	1775.20	3063.66
	机 械 费 （元）	31.82	58.27	39.80	9.43
名 称	单位	数 量			
人工 普通工	工日	1.0834	1.0797	1.1307	0.4440
建筑技术工	工日	0.2819	0.6681	0.6216	0.1697
计价材料 钢轨 6kg/m	m			1.6200	
钢梁 （成品）	t			0.0151	
槽钢 16 号以下	kg			0.0012	
等边角钢 边长 30 以下	kg		16.6000		
扁钢 综合	kg		8.1600		
方钢 综合	kg		8.2400		
铁件 钢筋	kg	0.4400	1.3200	1.1000	0.4400
铁件 型钢	kg	1.7600	5.2800	4.4000	1.7600
圆钢 φ10 以下	kg			1.2240	
钢管框铁丝网大门	m²	1.0500			
薄钢板 4mm 以下	kg		1.7200		

198

续表

定 额 编 号			PGT10-17	PGT10-18	PGT10-19	PGT10-20
项 目			钢管铁丝网大门	钢围栅大门	电动自动伸缩门	汽车限行栏杆
计价材料	中厚钢板 20~30	kg		2.7300		
	黄铜丝 综合	kg			0.1152	
	预埋铁件 综合	kg	3.0050	1.7950	4.8566	5.6400
	加工铁件 综合	kg			0.0325	
	方材红白松 二等	m³			0.0001	
	板材红白松 二等	m³	0.0001	0.0001		
	普通硅酸盐水泥 32.5	t	0.0021	0.0017		
	白水泥	t			0.0003	
	水泥砂浆 M5	m³	0.1181	0.1000	0.0939	
	水泥砂浆 1:2	m³			0.0108	
	水泥砂浆 1:2.5	m³	0.0048	0.0041		
	水泥砂浆 1:3	m³	0.0112	0.0094		
	素水泥浆	m³			0.0029	
	现浇混凝土 C25-40 现场搅拌	m³			0.1413	0.1261
	隔离剂	kg			0.0401	0.0268
	中砂	m³			0.1845	
	毛石 70~190	m³	0.2917	0.2468	0.1122	
	石材 20	m²			1.4976	
	标准砖 240×115×53	千块	0.0403	0.0342	0.1234	

定 额 编 号			PGT10-17	PGT10-18	PGT10-19	PGT10-20
项 目			钢管铁丝网大门	钢围栅大门	电动自动伸缩门	汽车限行栏杆
计价材料	不锈钢电动伸缩门 0.9m	m			0.9800	
	不锈钢电动伸缩门自动装置	套			0.0700	
	汽车限行栏杆（含电动装置）	套				1.0000
	丙烯酸漆	kg	0.2346	0.1972		
	粘结剂 107 胶	kg			0.6713	
	电焊条 J422 综合	kg	0.5804	2.1491	0.3616	0.3794
	普通六角螺栓	kg			0.0277	
	对拉螺栓 M16	kg			0.0748	0.0575
	镀锌铁丝 综合	kg	0.0183	0.0172	0.0060	
	聚氯乙烯塑料薄膜 0.5mm	m²			0.1338	0.1630
	氧气	m³	0.0128	0.0383	0.0395	0.0128
	乙炔气	m³	0.0056	0.0167	0.0165	0.0056
	防锈漆	kg	0.0043	0.3330	0.0108	0.0043
	酚醛调和漆	kg		0.4309	0.1724	0.0172
	环氧云铁漆	kg			0.0062	
	水	t	0.0286	0.0242	0.1248	0.0394
	钢管脚手架 包括扣件	kg	0.0400	0.0376	0.0132	
	钢脚手板 50×250×4000	块	0.0023	0.0022	0.0008	
	木脚手板	m³	0.0002	0.0002	0.0001	

续表

定 额 编 号			PGT10-17	PGT10-18	PGT10-19	PGT10-20
项 目			钢管铁丝网大门	钢围栅大门	电动自动伸缩门	汽车限行栏杆
计价材料	通用钢模板	kg			0.5334	0.4950
	木模板	m³			0.0006	0.0005
	其他材料费	元	3.9900	6.2800	34.8000	60.0700
机械	电动夯实机　夯击能量　250N·m	台班	0.0371	0.0316	0.0352	0.0068
	履带式起重机　起重量　25t	台班			0.0003	
	履带式起重机　起重量　50t	台班			0.0001	
	履带式起重机　起重量　150t	台班			0.0006	
	汽车式起重机　起重量　5t	台班	0.0195	0.0001	0.0408	0.0007
	汽车式起重机　起重量　8t	台班		0.0280		
	载重汽车　5t	台班			0.0010	0.0009
	载重汽车　6t	台班	0.0214	0.0004	0.0001	
	载重汽车　8t	台班	0.0001	0.0372	0.0002	0.0001
	平板拖车组　20t	台班			0.0002	
	平板拖车组　40t	台班			0.0003	
	混凝土振捣器（插入式）	台班			0.0108	0.0096

续表

定 额 编 号			PGT10-17	PGT10-18	PGT10-19	PGT10-20
项 目			钢管铁丝网大门	钢围栅大门	电动自动伸缩门	汽车限行栏杆
机械	摇臂钻床 钻孔直径 $\phi50$	台班	0.0001	0.0003	0.0003	0.0001
	型钢剪断机 剪断宽度 500mm	台班		0.0021	0.0001	
	交流弧焊机 容量 21kVA	台班	0.0871	0.1913	0.0958	0.1201
	交流弧焊机 容量 30kVA	台班			0.0035	
	电动空气压缩机 排气量 $3m^3/min$	台班		0.0060	0.0024	0.0002
	电动空气压缩机 排气量 $6m^3/min$	台班	0.0069	0.0058		

10.3 防 火 墙

定 额 编 号		PGT10-21	PGT10-22	PGT10-23	PGT10-24
项 目		防火墙			
		钢筋混凝土	框架挂板	框架砌砖	钢筋混凝土 定型大模板
单 位		m³	m³	m³	m³
基 价（元）		**1956.84**	**2193.06**	**1849.73**	**2001.89**
其中	人 工 费（元）	349.85	409.43	413.93	355.20
	材 料 费（元）	1469.41	1587.12	1317.14	1506.82
	机 械 费（元）	137.58	196.51	118.66	139.87
名 称	单位	数 量			
人工 普通工	工日	2.4317	2.9980	2.6131	2.4678
建筑技术工	工日	1.3992	1.5278	1.8458	1.4214
计价材料 槽钢 16 号以下	kg		0.2136		
铁件 钢筋	kg	1.2540	1.2540	1.3200	1.2540
铁件 型钢	kg	5.0160	5.0160	5.2800	5.0160
圆钢 φ10 以下	kg	42.0240	39.2700	39.2700	44.1660
圆钢 φ10 以上	kg	92.7000	117.1110	63.0290	98.3650
加工铁件 综合	kg	2.8190	0.2970		2.8190
板材红白松 二等	m³			0.0005	
普通硅酸盐水泥 32.5	t	0.0162	0.0162	0.0162	0.0162

定 额 编 号			PGT10-21	PGT10-22	PGT10-23	PGT10-24
项 目			防火墙			
			钢筋混凝土	框架挂板	框架砌砖	钢筋混凝土 定型大模板
计价材料	水泥砂浆 M5	m³			0.2074	
	水泥砂浆 1:2	m³		0.0014		
	水泥砂浆 1:2.5	m³			0.0378	
	水泥砂浆 1:3	m³			0.0876	
	现浇混凝土 C25-10 现场搅拌	m³		0.6841		
	现浇混凝土 C30-10 现场搅拌	m³		0.0590		
	现浇混凝土 C25-20 现场搅拌	m³	1.0090			1.0090
	现浇混凝土 C15-40 现场搅拌	m³	0.0508	0.0399	0.0399	0.0508
	现浇混凝土 C25-40 现场搅拌	m³	0.4622	0.7827	0.8027	0.4622
	现浇混凝土 C40-40 现场搅拌	m³		0.1769	0.2041	
	隔离剂	kg	0.7681	1.4650	0.3218	0.7681
	标准砖 240×115×53	千块			0.4541	
	丙烯酸漆	kg	1.8378	1.8378	1.8378	1.8378
	电焊条 J422 综合	kg	0.3555	0.6400	0.3413	0.3608
	对拉螺栓 M16	kg	0.2446	0.2522	0.2522	0.2446
	镀锌铁丝 综合	kg	0.8346	0.8594	0.7507	0.8643
	聚氯乙烯塑料薄膜 0.5mm	m²	1.1405	4.3502	1.3882	1.1405

续表

定 额 编 号			PGT10-21	PGT10-22	PGT10-23	PGT10-24
项 目			防火墙			
			钢筋混凝土	框架挂板	框架砌砖	钢筋混凝土 定型大模板
计价材料	氧气	m³	0.0364	0.0364	0.0383	0.0364
	乙炔气	m³	0.0158	0.0158	0.0167	0.0158
	防锈漆	kg	0.0123	0.0123	0.0130	0.0123
	酚醛调和漆	kg	0.0698	0.0698	0.0689	0.0698
	水	t	0.3849	0.6146	0.3777	0.3856
	钢管脚手架 包括扣件	kg	9.5291	3.8123	3.8171	9.5290
	支撑钢管及扣件	kg	2.1680	2.2144	2.5494	2.1680
	钢脚手板 50×250×4000	块	0.0488	0.0488	0.0489	0.0488
	木脚手板	m³	0.0019	0.0019	0.0019	0.0019
	尼龙编织布	m²	0.4883	0.4883	0.4889	0.4883
	通用钢模板	kg	1.7454	4.8208	4.7903	1.7454
	复合木模板	m²	2.6170	0.5772	0.6697	2.6170
	木模板	m³	0.0188	0.0235	0.0094	0.0188
	砖地模	m²		0.0868		
	其他材料费	元	28.8100	31.1200	25.8300	29.5500
机械	电动夯实机 夯击能量 250N·m	台班	0.0577	0.0558	0.0558	0.0577
	履带式起重机 起重量 25t	台班		0.0088		

续表

定　额　编　号			PGT10-21	PGT10-22	PGT10-23	PGT10-24
项　　　目			防火墙			
			钢筋混凝土	框架挂板	框架砌砖	钢筋混凝土 定型大模板
机械	汽车式起重机　起重量　5t	台班	0.0264	0.0822	0.0175	0.0264
	汽车式起重机　起重量　8t	台班	0.0508	0.0632	0.0573	0.0509
	载重汽车　5t	台班	0.1028	0.0948	0.0713	0.1065
	载重汽车　6t	台班	0.0074	0.0074	0.0074	0.0074
	载重汽车　8t	台班	0.0002	0.0002	0.0002	0.0002
	电动单筒慢速卷扬机　50kN	台班	0.0132	0.0123	0.0123	0.0139
	混凝土振捣器（插入式）	台班	0.1483	0.0877	0.0930	0.1483
	混凝土振捣器（平台式）	台班	0.0033	0.0792	0.0026	0.0033
	钢筋切断机　直径　$\phi40$	台班	0.0118	0.0137	0.0090	0.0125
	钢筋弯曲机　直径　$\phi40$	台班	0.0604	0.0700	0.0455	0.0638
	木工圆锯机　直径　$\phi500$	台班	0.0333	0.0258	0.0044	0.0333
	摇臂钻床　钻孔直径　$\phi50$	台班	0.0003	0.0003	0.0003	0.0003
	型钢剪断机　剪断宽度　500mm	台班	0.0001	0.0001	0.0001	0.0001
	交流弧焊机　容量　21kVA	台班	0.0863	0.2041	0.0796	0.0884
	对焊机　容量　150kVA	台班	0.0099	0.0125	0.0067	0.0105
	电动空气压缩机　排气量　$3m^3/min$	台班	0.0010	0.0010	0.0010	0.0010
	电动空气压缩机　排气量　$6m^3/min$	台班	0.0541	0.0541	0.0541	0.0541

206

10.4 支架与支墩

定 额 编 号		PGT10-25	PGT10-26	PGT10-27	PGT10-28	PGT10-29	PGT10-30
项 目		单层混凝土支架	多层混凝土支架	单层钢结构支架	多层钢结构支架	砌体支墩	混凝土支墩
单 位		m³	m³	t	t	m³	m³
基 价 (元)		**3564.46**	**3613.65**	**9643.46**	**9500.11**	**470.09**	**987.63**
其中	人 工 费 (元)	888.03	921.35	1598.02	1638.61	170.98	249.96
	材 料 费 (元)	2496.35	2481.61	6606.82	6408.68	288.25	703.09
	机 械 费 (元)	180.08	210.69	1438.62	1452.82	10.86	34.58
名 称	单位			数 量			
人工							
普通工	工日	7.4965	7.9737	10.5043	11.3125	1.4091	2.3112
建筑技术工	工日	2.5974	2.5536	6.8259	6.6091	0.5248	0.5862
计价材料							
槽钢 16号以下	kg			0.0800	0.0800		
等边角钢 边长63以下	kg			2.0000	2.0000		
铁件 钢筋	kg	2.6400	1.9800	0.6600	0.8800	3.3000	4.4000
铁件 型钢	kg	10.5600	7.9200	2.6400	3.5200	13.2000	17.6000
圆钢 φ10以下	kg	41.8200	47.9400	56.1000	45.9000		35.7000
圆钢 φ10以上	kg	183.3400	213.2100	15.4500	15.4500		
焊接钢管 DN150	kg			451.6600	451.6600		
焊接钢管 DN300	kg			605.3400	605.3400		
加工铁件 综合	kg			4.2750	4.2750		

207

续表

定 额 编 号			PGT10-25	PGT10-26	PGT10-27	PGT10-28	PGT10-29	PGT10-30
项　　　目			单层混凝土支架	多层混凝土支架	单层钢结构支架	多层钢结构支架	砌体支墩	混凝土支墩
计价材料	方材红白松　二等	m³			0.0080	0.0080		
	板材红白松　二等	m³					0.0002	0.0085
	水泥砂浆　M5	m³					0.3930	
	水泥砂浆　1:2.5	m³					0.0132	
	水泥砂浆　1:3	m³					0.0306	
	素水泥浆	m³	0.0080	0.0057				0.0021
	现浇混凝土　C20-20　现场搅拌	m³						0.0101
	现浇混凝土　C15-40　现场搅拌	m³	0.3213	0.2811	0.4016	0.4116		0.0904
	现浇混凝土　C25-40　现场搅拌	m³	2.0282	1.6750	2.2400	1.9045		1.0090
	现浇混凝土　C40-40　现场搅拌	m³	0.5449	0.5449	0.1816	0.1135		
	隔离剂	kg	0.8633	0.7829	0.6602	0.5418		0.2285
	石英砂	kg			93.8000	93.8000		
	毛石　70~190	m³					1.1220	
	电焊条　J422　综合	kg	0.7375	0.6237	29.0760	29.1232	0.7080	0.9440
	普通六角螺栓	kg			6.9770	6.9770		
	对拉螺栓　M16	kg	0.6210	0.4600	0.9200	0.8050		0.4600
	镀锌铁丝　综合	kg	2.0452	1.8307	0.8394	0.8731		0.3080
	喷砂用胶管　DN40	m			0.3360	0.3360		

续表

定 额 编 号			PGT10-25	PGT10-26	PGT10-27	PGT10-28	PGT10-29	PGT10-30
项 目			单层混凝土支架	多层混凝土支架	单层钢结构支架	多层钢结构支架	砌体支墩	混凝土支墩
计价材料	聚氯乙烯塑料薄膜 0.5mm	m²	2.6958	2.2790	2.7680	2.3820		1.3040
	氧气	m³	0.0767	0.0575	6.9992	7.0056	0.0959	0.1278
	乙炔气	m³	0.0334	0.0250	2.7003	2.7031	0.0417	0.0556
	防锈漆	kg	0.0259	0.0195	2.3315	2.3336	0.0324	0.0432
	酚醛调和漆	kg	0.0603	0.0431	4.3090	4.3090	0.0689	0.0948
	环氧富锌漆	kg			5.6700	5.6700		
	环氧云铁漆	kg			6.6005	6.6005		
	水	t	0.8485	0.7215	0.9118	0.8065	0.0790	0.3623
	钢管脚手架 包括扣件	kg	14.1072	10.6136	3.4704	4.7718		
	支撑钢管及扣件	kg	6.7242	6.7351	1.9128	1.1955		
	钢脚手板 50×250×4000	块	0.2195	0.1652	0.0540	0.0743		
	木脚手板	m³	0.0098	0.0073	0.0024	0.0033		
	尼龙编织布	m²	0.1463	0.1101	0.0360	0.0495		
	通用钢模板	kg	5.3460	3.9600	15.3132	11.5508		3.9600
	复合木模板	m²	3.3923	3.3734				
	木模板	m³	0.0381	0.0357	0.0220	0.0190		0.0061
	喷砂嘴	只			0.0420	0.0420		
	其他材料费	元	48.9500	48.6600	129.5500	125.6600	5.6500	13.7900

209

定　额　编　号			PGT10-25	PGT10-26	PGT10-27	PGT10-28	PGT10-29	PGT10-30
项　　　　　目			单层混凝土支架	多层混凝土支架	单层钢结构支架	多层钢结构支架	砌体支墩	混凝土支墩
机械	轮胎式装载机　斗容量　2m³	台班				0.0043		
	电动夯实机　夯击能量　250N·m	台班	0.1825	0.2272	0.2337	0.3075	0.0509	0.0784
	履带式起重机　起重量　25t	台班			0.0180	0.0180		
	履带式起重机　起重量　150t	台班			0.0467	0.0467		
	汽车式起重机　起重量　5t	台班	0.0417	0.0401	0.0209	0.0156	0.0003	0.0054
	汽车式起重机　起重量　8t	台班	0.0406	0.0773	0.0015	0.0013		0.0007
	门式起重机　起重量　10t	台班			0.3000	0.3000		
	门式起重机　起重量　20t	台班			0.0080	0.0080		
	门式起重机　起重量　40t	台班			0.0100	0.0100		
	载重汽车　5t	台班	0.1619	0.1766	0.0624	0.0504		0.0240
	载重汽车　6t	台班	0.0341	0.0257	0.0084	0.0116		
	载重汽车　8t	台班	0.0004	0.0003	0.0001	0.0001	0.0005	0.0007
	自卸汽车　12t	台班				0.0186		
	平板拖车组　10t	台班			0.2800	0.2800		
	平板拖车组　20t	台班			0.0160	0.0160		
	平板拖车组　40t	台班			0.0200	0.0200		
	电动单筒慢速卷扬机　50kN	台班	0.0131	0.0150	0.0176	0.0144		0.0112
	混凝土振捣器（插入式）	台班	0.2396	0.2126	0.1992	0.1630		0.0785

续表

定 额 编 号		PGT10-25	PGT10-26	PGT10-27	PGT10-28	PGT10-29	PGT10-30
项 目		单层混凝土支架	多层混凝土支架	单层钢结构支架	多层钢结构支架	砌体支墩	混凝土支墩
机械	混凝土振捣器（平台式） 台班	0.0208	0.0182	0.0260	0.0267		0.0059
	钢筋切断机 直径 φ40 台班	0.0197	0.0229	0.0063	0.0054		0.0032
	钢筋弯曲机 直径 φ40 台班	0.1007	0.1168	0.0322	0.0276		0.0161
	木工圆锯机 直径 φ500 台班	0.0115	0.0108	0.0100	0.0103		0.0026
	摇臂钻床 钻孔直径 φ50 台班	0.0006	0.0005	0.1012	0.1012	0.0008	0.0010
	剪板机 厚度×宽度 40mm×3100mm 台班			0.1100	0.1100		
	型钢剪断机 剪断宽度 500mm 台班	0.0001	0.0001			0.0002	0.0002
	钢板校平机 厚度×宽度 30mm×2600mm 台班			0.1100	0.1100		
	交流弧焊机 容量 21kVA 台班	0.1652	0.1496	0.0457	0.0514	0.1283	0.1810
	交流弧焊机 容量 30kVA 台班			3.8600	3.8600		
	对焊机 容量 150kVA 台班	0.0196	0.0228	0.0017	0.0017		
	电动空气压缩机 排气量 3m³/min 台班	0.0008	0.0006	0.1686	0.1686	0.0010	0.0013
	电动空气压缩机 排气量 6m³/min 台班			0.0800	0.0800		
	电动空气压缩机 排气量 10m³/min 台班			0.3287	0.3287		
	鼓风机 能力 50m³/min 台班			0.2828	0.2828		
	喷砂除锈机 能力 3m³/min 台班			0.3287	0.3287		

10.5 沟道、隧道与室外管道

10.5.1 沟道、隧道

定 额 编 号			PGT10-31	PGT10-32	PGT10-33	PGT10-34	PGT10-35	PGT10-36
项 目			砌体沟道	浇制素混凝土沟道	浇制钢筋混凝土沟道	浇制钢筋混凝土隧道	预制钢筋混凝土电缆槽沟	砌石排水沟
单 位			m³	m³	m³	m³	m³	m³
基 价（元）			**936.55**	**1034.88**	**1475.77**	**1250.37**	**1238.21**	**552.36**
其中	人 工 费（元）		267.23	309.31	340.62	234.60	223.66	230.85
	材 料 费（元）		627.80	666.41	1051.44	899.85	911.35	319.89
	机 械 费（元）		41.52	59.16	83.71	115.92	103.20	1.62
名 称		单位	数 量					
人工	普通工	工日	1.8625	2.2942	2.4397	1.6536	1.7016	1.7075
	建筑技术工	工日	1.0651	1.1331	1.3103	0.9217	0.7886	0.8491
计价材料	槽钢 16 号以下	kg	0.0227	0.0284	0.0213		0.1373	
	等边角钢 边长 50 以下	kg	29.5200	36.9000	27.6750			
	铁件 钢筋	kg	1.3200	2.2000	2.2000	2.2000	0.2200	
	铁件 型钢	kg	5.2800	8.8000	8.8000	8.8000	0.8800	
	圆钢 φ10 以下	kg	6.5280	8.1600	28.5600	16.3200	63.2400	
	圆钢 φ10 以上	kg			66.9500	95.7900	43.2600	

续表

定 额 编 号			PGT10-31	PGT10-32	PGT10-33	PGT10-34	PGT10-35	PGT10-36
项 目			砌体沟道	浇制素混凝土沟道	浇制钢筋混凝土沟道	浇制钢筋混凝土隧道	预制钢筋混凝土电缆槽沟	砌石排水沟
计价材料	平垫铁　综合	kg					0.3172	
	预埋铁件　综合	kg					0.6000	
	加工铁件　综合	kg					0.1910	
	方材红白松　二等	m³	0.0001	0.0001	0.0001		0.0012	
	水泥木丝板　25mm	m²	0.0361	0.0644	0.0565			0.0173
	水泥砂浆　M10	m³						0.2633
	水泥砂浆　M5	m³	0.1235					
	水泥砂浆　1:2	m³					0.0009	
	水泥砂浆　1:3	m³						0.0386
	防水砂浆	m³	0.0510	0.0255	0.0204	0.0108		0.0255
	现浇混凝土　C25-10　现场搅拌	m³	0.0807	0.1009	0.0757		0.5682	
	现浇混凝土　C30-10　现场搅拌	m³	0.0029	0.0036	0.0027		0.0379	
	现浇混凝土　C20-20　现场搅拌	m³	0.0908					
	现浇混凝土　C15-40　现场搅拌	m³	0.3414	0.1888	0.1566	0.0703		0.4719
	现浇混凝土　C20-40　现场搅拌	m³		0.5449	0.6104	0.5348		
	隔离剂	kg	0.0760	0.3512	0.3860	0.3372	0.7959	0.0650
	中砂	m³					0.2378	

213

续表

定 额 编 号			PGT10-31	PGT10-32	PGT10-33	PGT10-34	PGT10-35	PGT10-36
项 目			砌体沟道	浇制素混凝土沟道	浇制钢筋混凝土沟道	浇制钢筋混凝土隧道	预制钢筋混凝土电缆槽沟	砌石排水沟
计价材料	碎石 50	m³					0.9118	
	毛石 70~190	m³						0.7517
	标准砖 240×115×53	千块	0.2754					
	石油沥青 30 号	kg	6.5797	5.6248	5.3449	3.2310		0.1796
	石油沥青玛蹄脂	m³		0.0019	0.0017			
	电焊条 J422 综合	kg	0.9770	1.3392	1.1849	0.5614	0.5968	
	镀锌铁丝 综合	kg	0.0563	0.0704	0.4910	0.6654	0.6317	
	橡胶止水带 普通型	m				0.1260		
	聚氯乙烯塑料薄膜 0.5mm	m²	0.9783	1.6492	1.5735	1.0957	2.5542	
	清洗剂	kg	0.1096	0.1370	0.1028			
	氧气	m³	0.0935	0.1329	0.1157	0.0639	0.0064	
	乙炔气	m³	0.0399	0.0568	0.0496	0.0278	0.0028	
	防锈漆	kg	0.1650	0.2116	0.1641	0.0216	0.0022	
	酚醛调和漆	kg	0.0284	0.0431	0.0431	0.0431	0.0086	
	环氧树脂 E44	kg				0.0036		
	冷底子油 3:7	kg	1.5181	1.2125	1.1640	0.7906		
	水	t	0.4914	0.3825	0.3648	0.2366	0.3228	0.5883

续表

定 额 编 号			PGT10-31	PGT10-32	PGT10-33	PGT10-34	PGT10-35	PGT10-36
项 目			砌体沟道	浇制素混凝土沟道	浇制钢筋混凝土沟道	浇制钢筋混凝土隧道	预制钢筋混凝土电缆槽沟	砌石排水沟
计价材料	钢管脚手架 包括扣件	kg			1.4757	4.4271		
	支撑钢管及扣件	kg		1.1546	1.2936	1.6053		
	钢脚手板 50×250×4000	块			0.0189	0.0567		
	木脚手板	m³			0.0008	0.0023		
	尼龙编织布	m²			0.1890	0.5670		
	通用钢模板	kg		7.8370	8.7804	6.8155	0.1796	
	木模板	m³	0.0285	0.0081	0.0080	0.0052	0.0341	0.0094
	砖地模	m²	0.0094	0.0117	0.0088		0.1324	
	其他材料费	元	12.3100	13.0700	20.6100	17.6400	17.8700	6.2700
机械	履带式推土机 功率 75kW	台班				0.0023		
	轮胎式装载机 斗容量 2m³	台班	0.0032	0.0032	0.0033			
	履带式单斗液压挖掘机 斗容量 1m³	台班				0.0043		
	电动夯实机 夯击能量 250N·m	台班	0.0208	0.0304	0.0299	0.0463	0.0466	0.0231
	履带式起重机 起重量 25t	台班				0.0057		
	汽车式起重机 起重量 5t	台班	0.0025	0.0114	0.0124	0.0092	0.0631	
	汽车式起重机 起重量 8t	台班	0.0001	0.0002	0.0020	0.0503	0.0022	
	载重汽车 4t	台班					0.0166	

续表

定 额 编 号			PGT10-31	PGT10-32	PGT10-33	PGT10-34	PGT10-35	PGT10-36
项 目			砌体沟道	浇制素混凝土沟道	浇制钢筋混凝土沟道	浇制钢筋混凝土隧道	预制钢筋混凝土电缆槽沟	砌石排水沟
机械	载重汽车 5t	台班	0.0040	0.0185	0.0611	0.0645	0.0552	
	载重汽车 6t	台班	0.0023		0.0029	0.0086		
	载重汽车 8t	台班	0.0002	0.0004	0.0004	0.0004		
	自卸汽车 12t	台班	0.0139	0.0138	0.0141	0.0164		
	电动单筒慢速卷扬机 50kN	台班	0.0020	0.0026	0.0090	0.0051	0.0198	
	混凝土振捣器（插入式）	台班	0.0102	0.0675	0.0756	0.0661		
	混凝土振捣器（平台式）	台班	0.0311	0.0235	0.0186	0.0046	0.0628	0.0306
	钢筋切断机 直径 $\phi40$	台班	0.0006	0.0007	0.0084	0.0098	0.0094	
	钢筋弯曲机 直径 $\phi40$	台班	0.0029	0.0037	0.0428	0.0501	0.0478	
	木工圆锯机 直径 $\phi500$	台班	0.0460	0.0128	0.0130	0.0098	0.0345	0.0118
	摇臂钻床 钻孔直径 $\phi50$	台班	0.0003	0.0005	0.0005	0.0005	0.0001	
	型钢剪断机 剪断宽度 500mm	台班	0.0001	0.0001	0.0001	0.0001		
	交流弧焊机 容量 21kVA	台班	0.2259	0.3038	0.2741	0.1167	0.1430	
	对焊机 容量 150kVA	台班			0.0072	0.0102	0.0046	
	点焊机 容量 50kVA	台班	0.0253	0.0316	0.0237		0.0224	
	电动空气压缩机 排气量 $3m^3/min$	台班	0.0004	0.0006	0.0006	0.0006	0.0001	

216

10.5.2 室外管道

	定　额　编　号		PGT10-37	PGT10-38	PGT10-39	PGT10-40	PGT10-41
	项　　目		直埋采暖管道	沟道内敷设采暖管道	室外给水钢管道	室外给水塑料管道	室外消防水管道
	单　位		t	t	t	m	t
基　价（元）			**10703.35**	**11537.72**	**13532.54**	**145.28**	**10673.44**
其中	人　工　费（元）		3571.03	2121.30	5561.93	47.33	2926.89
	材　料　费（元）		6939.46	8918.54	7448.83	94.65	7603.62
	机　械　费（元）		192.86	497.88	521.78	3.30	142.93
	名　　称	单位			数　　量		
人工	普通工	工日	34.5514	8.5977	60.7392	0.5324	29.0742
	建筑技术工	工日	7.2695	12.9143	6.3315	0.0427	5.4140
计价材料	等边角钢　边长63以下	kg	5.3000	42.4000			
	焊接钢管　DN80	kg				0.8465	
	焊接钢管　DN100	kg	1095.4631	1095.4631	1035.2220		1095.4631
	镀锌钢管　DN25	kg					0.5040
	闸阀　Z41H-16　DN80	只				0.0500	
	闸阀　Z41H-16　DN100	只	0.5000				0.7500
	闸阀　Z41H-16　DN125	只			2.2000		
	闸阀　Z41H-16　DN150	只		1.5000			
	压制弯头　PN2.5　DN80	只				0.0022	
	压制弯头　PN2.5　DN100	只			2.4440		

定 额 编 号			PGT10-37	PGT10-38	PGT10-39	PGT10-40	PGT10-41
项 目			直埋采暖管道	沟道内敷设采暖管道	室外给水钢管道	室外给水塑料管道	室外消防水管道
计价材料	平焊法兰 PN1.6 DN80	片				0.1000	
	平焊法兰 PN1.6 DN100	片	3.0000	6.0000			3.5000
	平焊法兰 PN1.6 DN125	片			4.4000		
	平焊法兰 PN1.6 DN150	片		3.0000			0.5000
	伸缩器 DN100	个	0.5050	1.5150			
	中砂	m³	4.2430		8.1287	0.1038	2.6865
	硬质瓦块	m³	0.9265	2.6923			
	地下式消火栓 深 I 型	套					0.5000
	水泵接合器地下式 150	套					0.5050
	精制六角螺栓 综合	kg	0.9845	2.9535			4.9288
	镀锌管堵 DN20 以下	个					0.5050
	焊接钢管接头零件 DN100	个	16.2136	16.2136			16.2136
	中碱玻璃丝布宽 1000mm	m²	34.1040	69.0200			
	塑料给水管 DN80	m				0.9180	
	塑料管接头 DN80	个				0.1980	
	汽油	kg	1.3660	2.3028	2.4320	0.0024	1.6211
	漂白粉 32%	kg	0.0235	0.0606	0.0940	0.0010	0.0310
	酚醛防锈漆 F53 各色	kg	4.5410	7.8229	7.7760	0.0078	5.1832

定 额 编 号			PGT10-37	PGT10-38	PGT10-39	PGT10-40	PGT10-41
项 目			直埋采暖管道	沟道内敷设采暖管道	室外给水钢管道	室外给水塑料管道	室外消防水管道
计价材料	酚醛调和漆	kg	0.0990	7.8849	7.4560	0.0075	4.9699
	厚漆	kg	3.8245	7.7401			
	清油 综合	kg	1.8757	3.7961			
	水	t	2.9840	4.8480	9.6350	0.1295	3.1790
	其他材料费	元	136.0700	174.8700	146.0600	1.8600	149.0900
机械	电动夯实机 夯击能量 250N·m	台班	2.1861		4.1596	0.0413	1.8650
	汽车式起重机 起重量 16t	台班	0.0018	0.0150			
	电动单筒快速卷扬机 10kN	台班	0.1020	0.2964			
	弯管机 WC27~108	台班			0.4700	0.0003	
	管子切断机 管径 φ150	台班	0.2489	0.5989	0.0940	0.0001	0.1989
	管子切断套丝机 管径 φ159	台班	0.4974	0.4974			0.4974
	交流弧焊机 容量 21kVA	台班					0.0905
	逆变多功能焊机 D7-500	台班	0.5650	2.5400	2.3080	0.0133	0.4050
	砂轮切割机 直径 φ400	台班					0.0100

定　额　编　号		PGT10-42	PGT10-43	PGT10-44
项　　　目		室外排水、雨水管道		
		DN≤300mm	DN≤600mm	DN≤1000mm
单　　　位		m	m	m
基　　价（元）		**225.26**	**389.04**	**604.50**
其中	人　工　费（元）	133.30	240.47	264.30
	材　料　费（元）	86.95	138.26	314.13
	机　械　费（元）	5.01	10.31	26.07
名　　　称	单位	数　　量		
人工	普通工	工日	1.5790	2.9076	3.1469
	建筑技术工	工日	0.0629	0.0708	0.1130
计价材料	普通硅酸盐水泥　32.5	t	0.0001	0.0003	0.0010
	水泥砂浆　M5	m³	0.0001	0.0006	0.0018
	水泥砂浆　1：2	m³	0.0001	0.0004	0.0010
	膨胀水泥砂浆　1：1	m³	0.0001	0.0003	0.0006
	现浇混凝土　C25-40　现场搅拌	m³	0.0050	0.0202	0.0404
	隔离剂	kg	0.0011	0.0043	0.0086
	钢筋混凝土管　φ300	m	0.4900		
	钢筋混凝土管　φ400	m		0.3920	
	钢筋混凝土管　φ500	m		0.1960	
	钢筋混凝土管　φ600	m		0.3920	
	钢筋混凝土管　φ800	m			0.5880

续表

定 额 编 号			PGT10-42	PGT10-43	PGT10-44
项 目			室外排水、雨水管道		
			DN≤300mm	DN≤600mm	DN≤1000mm
计价材料	钢筋混凝土管 ϕ900	m			0.3920
	中砂	m³	0.0922	0.2306	0.5189
	标准砖 240×115×53	千块	0.0002	0.0011	0.0035
	对拉螺栓 M16	kg	0.0023	0.0092	0.0184
	聚氯乙烯塑料薄膜 0.5mm	m²	0.0065	0.0261	0.0522
	塑料给水管 DN100	m	0.5100		
	塑料管接头 DN100	个	0.1340		
	漂白粉 32%	kg	0.0010	0.0004	
	水	t	0.1056	0.0983	0.1476
	通用钢模板	kg	0.0198	0.0792	0.1584
	木模板	m³		0.0001	0.0002
	其他材料费	元	1.7100	2.7100	6.1600
机械	履带式推土机 功率 75kW	台班			0.0008
	履带式单斗液压挖掘机 斗容量 1m³	台班			0.0075
	电动夯实机 夯击能量 250N·m	台班	0.1017	0.1730	0.2671
	汽车式起重机 起重量 5t	台班		0.0001	0.0002
	汽车式起重机 起重量 16t	台班	0.0009	0.0024	0.0036
	载重汽车 5t	台班		0.0001	0.0003

续表

定 额 编 号			PGT10-42	PGT10-43	PGT10-44
项 目			室外排水、雨水管道		
			DN≤300mm	DN≤600mm	DN≤1000mm
机械	管子拖车 24t	台班	0.0005	0.0012	0.0018
	电动单筒快速卷扬机 50kN	台班	0.0005	0.0012	0.0018
	混凝土振捣器（插入式）	台班	0.0004	0.0015	0.0031
	电动单级离心清水泵 出口直径 φ150	台班	0.0005	0.0012	0.0018

10.5.3 防水、防腐

定 额 编 号			PGT10-45	PGT10-46
项 目			涂料防水、防腐	基础外表面涂沥青防腐
单 位			m²	m²
基 价 (元)			**41.54**	**21.14**
其中	人 工 费 (元)		15.09	3.79
	材 料 费 (元)		25.77	17.25
	机 械 费 (元)		0.68	0.10
名 称		单位	数 量	
人工	普通工	工日	0.1027	0.0292
	建筑技术工	工日	0.0619	0.0131
计价材料	防水砂浆	m³	0.0204	
	高强涂渗剂	kg	0.6000	
	石油沥青 30号	kg		3.6146
	镀锌铁丝 综合	kg	0.0541	0.0086
	冷底子油 3:7	kg		0.4850
	水	t	0.0380	
	钢管脚手架 包括扣件	kg	0.5784	0.0188
	钢脚手板 50×250×4000	块	0.0090	0.0011
	木脚手板	m³	0.0004	0.0001
	尼龙编织布	m²	0.0060	
	其他材料费	元	0.5100	0.3400
机械	载重汽车 6t	台班	0.0014	0.0002

10.6 井、池

定 额 编 号		PGT10-47	PGT10-48	PGT10-49	PGT10-50	PGT10-51
项 目		砌体井、池		浇制钢筋混凝土井、池		
		容积 $V \leqslant 10m^3$	容积 $V > 10m^3$	容积 $V \leqslant 10m^3$	容积 $10m^3 <$ $V \leqslant 50m^3$	容积 $100m^3 <$ $V \leqslant 200m^3$
单 位		m^3	m^3	m^3	m^3	m^3
基 价（元）		**896.68**	**811.81**	**1554.62**	**1381.79**	**1005.35**
其中	人 工 费（元）	405.02	372.36	563.45	353.13	198.05
	材 料 费（元）	472.11	417.87	921.35	911.86	679.02
	机 械 费（元）	19.55	21.58	69.82	116.80	128.28
名 称	单位	数 量				
人工 普通工	工日	3.9475	3.2515	5.5485	3.2713	1.6243
建筑技术工	工日	0.8038	1.0112	1.0772	0.8237	0.6136
计价材料 槽钢 16号以下	kg	1.3750	0.8250	0.5500	0.5500	0.2750
等边角钢 边长63以下	kg	0.0950	0.0570	0.0380	0.0380	0.0190
铁件 钢筋	kg	0.2200	0.2200	1.1000	0.8800	0.2200
铁件 型钢	kg	0.8800	0.8800	4.4000	3.5200	0.8800
圆钢 $\phi 10$ 以下	kg	9.1800	4.0800	16.3200	33.8640	19.5840
圆钢 $\phi 10$ 以上	kg		6.3860	61.8000	52.5300	57.2680
薄钢板 4mm以下	kg	3.8800	2.3280	1.5520	1.5520	0.7760

定 额 编 号		PGT10-47	PGT10-48	PGT10-49	PGT10-50	PGT10-51
项 目		砌体井、池		浇制钢筋混凝土井、池		
		容积 $V \leqslant 10m^3$	容积 $V > 10m^3$	容积 $V \leqslant 10m^3$	容积 $10m^3 <$ $V \leqslant 50m^3$	容积 $100m^3 <$ $V \leqslant 200m^3$
计 价 材 料	彩钢夹芯板 δ120	m²				0.0525	0.0074
	彩钢扣板 综合	m				0.0445	0.0062
	铸铁井盖（连座）	套	0.1600	0.0900	0.1000		
	工字铝 综合	m				0.0445	0.0062
	槽型铝 100	m				0.0195	0.0027
	加工铁件 综合	kg	0.0079	0.0047	0.0031	0.0031	0.0016
	方材红白松 二等	m³	0.0001				
	板材红白松 二等	m³	0.0008	0.0005	0.0005		
	水泥砂浆 M5	m³	0.1935	0.1579			
	防水砂浆	m³	0.0184	0.0180	0.0133	0.0142	0.0070
	现浇混凝土 C20-10 现场搅拌	m³	0.0098	0.0055	0.0061		
	现浇混凝土 C20-20 现场搅拌	m³	0.0505	0.0323			
	现浇混凝土 C25-20 现场搅拌	m³	0.0807	0.0706			
	现浇混凝土 C15-40 现场搅拌	m³	0.1205	0.0803	0.2108	0.1506	0.0803
	现浇混凝土 C20-40 现场搅拌	m³			0.9586		
	现浇混凝土 C25-40 现场搅拌	m³					0.0167

续表

定 额 编 号		PGT10-47	PGT10-48	PGT10-49	PGT10-50	PGT10-51
项 目		砌体井、池		浇制钢筋混凝土井、池		
		容积 $V \leqslant 10m^3$	容积 $V > 10m^3$	容积 $V \leqslant 10m^3$	容积 $10m^3 <$ $V \leqslant 50m^3$	容积 $100m^3 <$ $V \leqslant 200m^3$
计价材料	现浇混凝土 C30-40 现场搅拌 m³				0.7164	0.4752
	现浇混凝土 C40-40 现场搅拌 m³					0.0136
	隔离剂 kg	0.0584	0.0439	0.4209	0.0207	0.0243
	中砂 m³				0.1537	0.0885
	碎石 50 m³				0.5894	0.3392
	标准砖 240×115×53 千块	0.4423	0.3604			
	石油沥青 30 号 kg			6.7989	5.1022	2.6720
	电焊条 J422 综合 kg	0.1547	0.1177	0.3367	0.2808	0.1221
	普通六角螺栓 kg	0.0164	0.0098	0.0065	0.0065	0.0033
	镀锌铁丝 综合 kg	0.4557	0.4823	0.5062	0.5904	0.5049
	聚氯乙烯塑料薄膜 0.5mm m²	0.7517	0.6073	2.7531	0.7710	0.5235
	玻璃胶 kg				0.0117	0.0016
	密封条 m				0.0589	0.0082
	氧气 m³	0.0398	0.0265	0.0453	0.0389	0.0131
	乙炔气 m³	0.0146	0.0099	0.0186	0.0159	0.0051
	防锈漆 kg	0.0022	0.0022	0.0108	0.0086	0.0022

续表

定 额 编 号			PGT10-47	PGT10-48	PGT10-49	PGT10-50	PGT10-51
项 目			砌体井、池		浇制钢筋混凝土井、池		
			容积 $V \leqslant 10\mathrm{m}^3$	容积 $V > 10\mathrm{m}^3$	容积 $V \leqslant 10\mathrm{m}^3$	容积 $10\mathrm{m}^3 < V \leqslant 50\mathrm{m}^3$	容积 $100\mathrm{m}^3 < V \leqslant 200\mathrm{m}^3$
计价材料	酚醛调和漆	kg	0.0603	3.4558	0.0689	0.0603	0.0172
	环氧云铁漆	kg	0.0030	0.0018	0.0012	0.0012	0.0006
	冷底子油 3∶7	kg			1.6636	1.2484	0.6538
	水	t	0.3046	0.2339	0.5046	0.1061	0.0653
	钢管脚手架 包括扣件	kg	0.3066	0.3194	0.1179	2.8164	1.4440
	支撑钢管及扣件	kg	0.2954	0.2585	1.9352	1.2932	0.9712
	钢脚手板 50×250×4000	块	0.0062	0.0072	0.0040	0.0329	0.0176
	木脚手板	m^3	0.0001	0.0002	0.0001	0.0013	0.0007
	尼龙编织布	m^2				0.3289	0.1541
	通用钢模板	kg	0.6958	0.6088	8.4541	3.7565	3.1039
	木模板	m^3	0.0160	0.0107	0.0099	0.0153	0.0093
	其他材料费	元	9.2500	8.1900	18.0700	17.8800	13.3100
机械	履带式推土机 功率 75kW	台班				0.0023	0.0029
	轮胎式装载机 斗容量 2m³	台班			0.0037	0.0042	0.0041
	履带式单斗液压挖掘机 斗容量 1m³	台班				0.0041	0.0053
	电动夯实机 夯击能量 250N·m	台班	0.2165	0.1659	0.2856	0.1688	0.0940

续表

定 额 编 号			PGT10−47	PGT10−48	PGT10−49	PGT10−50	PGT10−51
项　　　　目			砌体井、池		浇制钢筋混凝土井、池		
			容积 $V \leqslant 10\text{m}^3$	容积 $V > 10\text{m}^3$	容积 $V \leqslant 10\text{m}^3$	容积 $10\text{m}^3 < V \leqslant 50\text{m}^3$	容积 $100\text{m}^3 < V \leqslant 200\text{m}^3$
机械	履带式起重机　起重量　15t	台班	0.0007	0.0004	0.0003	0.0003	0.0001
	履带式起重机　起重量　60t	台班	0.0004	0.0002	0.0001	0.0001	0.0001
	汽车式起重机　起重量　5t	台班	0.0022	0.0017	0.0105	0.0001	0.0008
	汽车式起重机　起重量　8t	台班	0.0002	0.0002	0.0016	0.0412	0.0632
	门式起重机　起重量　10t	台班	0.0018	0.0011	0.0007	0.0007	0.0004
	门式起重机　起重量　20t	台班	0.0001	0.0001			
	载重汽车　4t	台班				0.0007	0.0001
	载重汽车　5t	台班	0.0061	0.0065	0.0502	0.0408	0.0374
	载重汽车　6t	台班	0.0022	0.0019	0.0006	0.0150	0.0088
	载重汽车　8t	台班	0.0002	0.0001	0.0003	0.0002	0.0001
	自卸汽车　12t	台班			0.0158	0.0336	0.0383
	平板拖车组　10t	台班	0.0012	0.0007	0.0005	0.0005	0.0002
	电动单筒慢速卷扬机　50kN	台班	0.0029	0.0013	0.0051	0.0106	0.0061
	混凝土振捣器（插入式）	台班	0.0147	0.0115	0.1074	0.0972	0.0635
	混凝土振捣器（平台式）	台班	0.0078	0.0052	0.0137	0.0098	0.0052
	钢筋切断机　直径 $\phi 40$	台班	0.0008	0.0009	0.0068	0.0076	0.0067

定 额 编 号			PGT10-47	PGT10-48	PGT10-49	PGT10-50	PGT10-51
项 目			砌体井、池		浇制钢筋混凝土井、池		
			容积 $V \leqslant 10m^3$	容积 $V > 10m^3$	容积 $V \leqslant 10m^3$	容积 $10m^3 <$ $V \leqslant 50m^3$	容积 $100m^3 <$ $V \leqslant 200m^3$
机械	钢筋弯曲机 直径 $\phi 40$	台班	0.0041	0.0047	0.0350	0.0387	0.0344
	木工圆锯机 直径 $\phi 500$	台班	0.0255	0.0168	0.0195	0.0236	0.0142
	摇臂钻床 钻孔直径 $\phi 50$	台班	0.0001	0.0001	0.0003	0.0002	0.0001
	剪板机 厚度×宽度 40mm×3100mm	台班	0.0001	0.0001	0.0001		
	型钢剪断机 剪断宽度 500mm	台班	0.0006	0.0003	0.0003	0.0003	0.0001
	型钢调直机	台班	0.0006	0.0003	0.0002	0.0002	0.0001
	交流弧焊机 容量 21kVA	台班	0.0111	0.0115	0.0645	0.0583	0.0299
	交流弧焊机 容量 30kVA	台班	0.0146	0.0088	0.0058	0.0058	0.0029
	对焊机 容量 150kVA	台班		0.0007	0.0066	0.0056	0.0061
	电动空气压缩机 排气量 $3m^3/min$	台班	0.0008	0.0477	0.0010	0.0008	0.0002
	电动空气压缩机 排气量 $6m^3/min$	台班	0.0004	0.0002	0.0002	0.0002	0.0001

10.7 护坡与挡土墙

定 额 编 号			PGT10-52	PGT10-53	PGT10-54	PGT10-55	PGT10-56	PGT10-57
项 目			砌体护坡	植被边坡	卵石边坡	混凝土挡土墙	毛石混凝土挡土墙	砌体挡土墙
单 位			m³	m²	m²	m³	m³	m³
基 价（元）			**295.79**	**37.90**	**139.54**	**763.03**	**527.41**	**376.51**
其中	人 工 费（元）		112.09	8.88	52.36	247.01	174.56	128.10
	材 料 费（元）		182.96	25.25	82.71	481.41	344.81	247.42
	机 械 费（元）		0.74	3.77	4.47	34.61	8.04	0.99
名 称		单位	数 量					
人工	普通工	工日	0.6941	0.0659	0.4028	2.1437	1.7325	0.8367
	建筑技术工	工日	0.5096	0.0325	0.1814	0.6803	0.3240	0.5510
计价材料	铁件 钢筋	kg				0.2200	0.2200	
	铁件 型钢	kg				0.8800	0.8800	
	圆钢 φ10 以下	kg			3.0600			
	平垫铁 综合	kg		0.0264				
	预埋铁件 综合	kg		0.0500				
	方材红白松 二等	m³		0.0001				
	板材红白松 二等	m³				0.0002	0.0002	
	水泥木丝板 25mm	m²				0.0314	0.0236	0.0251
	水泥砂浆 M10	m³						0.0118

定额编号			PGT10-52	PGT10-53	PGT10-54	PGT10-55	PGT10-56	PGT10-57
项 目			砌体护坡	植被边坡	卵石边坡	混凝土挡土墙	毛石混凝土挡土墙	砌体挡土墙
计价材料	水泥砂浆 M5	m³	0.3060	0.0042	0.0084			0.3930
	混合砂浆 M2.5	m³						0.0142
	水泥砂浆 1:1	m³				0.0058	0.0058	
	水泥砂浆 1:2.5	m³		0.0004	0.0364			0.0018
	水泥砂浆 1:3	m³	0.0256	0.0008	0.0008			0.0163
	素水泥浆	m³		0.0001	0.0011			0.0003
	现浇混凝土 C25-10 现场搅拌	m³		0.0107				
	现浇混凝土 C10-40 现场搅拌	m³			0.1212			
	现浇混凝土 C15-40 现场搅拌	m³				0.0100	0.8709	0.1054
	现浇混凝土 C20-40 现场搅拌	m³				0.0305	0.0305	
	现浇混凝土 C25-40 现场搅拌	m³				0.2523		
	水工 现浇混凝土 C25-40 现场搅拌	m³				0.7568		
	隔离剂	kg		0.0039		0.4392	0.2780	0.0145
	中砂	m³	0.0841			0.0244	0.0244	0.0087
	碎石 50	m³	0.3225			0.0934	0.0934	0.0890
	毛石 70~190	m³	0.8328				0.2720	1.1557
	卵石 综合	m³			0.1080			
	标准砖 240×115×53	千块		0.0110	0.0220			

续表

定 额 编 号			PGT10-52	PGT10-53	PGT10-54	PGT10-55	PGT10-56	PGT10-57
项 目			砌体护坡	植被边坡	卵石边坡	混凝土挡土墙	毛石混凝土挡土墙	砌体挡土墙
计价材料	石油沥青 30 号	kg				2.7051	0.2449	0.2612
	电焊条 J422 综合	kg		0.0284		0.0472	0.0472	
	对拉螺栓 M16	kg					0.4647	
	镀锌铁丝 综合	kg	0.0253		0.0264	0.1239	0.1120	0.0124
	聚氯乙烯塑料薄膜 0.5mm	m²		0.0502		0.5296	0.9560	
	氧气	m³				0.0064	0.0064	
	乙炔气	m³				0.0028	0.0028	
	防锈漆	kg				0.0022	0.0022	
	酚醛调和漆	kg				0.0086	0.0086	
	冷底子油 3:7	kg				0.5820		
	水	t	0.2266	0.0110	0.0644	0.1977	0.3214	0.2213
	钢管脚手架 包括扣件	kg	0.0553			2.5716	1.4855	0.0271
	支撑钢管及扣件	kg				2.4840		
	钢脚手板 50×250×4000	块	0.0032			0.0210	0.0190	0.0016
	木脚手板	m³	0.0003			0.0008	0.0008	0.0001
	尼龙编织布	m²				0.2104	0.1903	
	通用钢模板	kg				10.5202	2.2771	
	木模板	m³		0.0020		0.0110	0.0040	0.0021

定 额 编 号			PGT10-52	PGT10-53	PGT10-54	PGT10-55	PGT10-56	PGT10-57
项 目			砌体护坡	植被边坡	卵石边坡	混凝土挡土墙	毛石混凝土挡土墙	砌体挡土墙
计价材料	砖地模	m²		0.0064				
	绿化草皮	m²		1.0000				
	其他材料费	元	3.5900	0.2900	1.6200	9.4400	6.7600	4.8500
机械	钢轮内燃压路机 工作质量 12t	台班			0.0030			
	电动夯实机 夯击能量 250N·m	台班	0.0153		0.0531	0.0309	0.0334	0.0217
	汽车式起重机 起重量 5t	台班		0.0026		0.0238	0.0020	
	汽车式起重机 起重量 8t	台班			0.0001			
	载重汽车 4t	台班		0.0028				
	载重汽车 5t	台班		0.0004	0.0015	0.0299	0.0060	
	载重汽车 6t	台班	0.0006			0.0032	0.0029	0.0003
	电动单筒慢速卷扬机 50kN	台班			0.0010			
	混凝土振捣器（插入式）	台班				0.1130	0.0660	
	混凝土振捣器（平台式）	台班		0.0011	0.0078	0.0007	0.0008	0.0068

续表

定 额 编 号			PGT10-52	PGT10-53	PGT10-54	PGT10-55	PGT10-56	PGT10-57
项　　目			砌体护坡	植被边坡	卵石边坡	混凝土挡土墙	毛石混凝土挡土墙	砌体挡土墙
机械	钢筋切断机　直径　φ40	台班			0.0003			
	钢筋弯曲机　直径　φ40	台班			0.0014			
	木工圆锯机　直径　φ500	台班		0.0019		0.0165	0.0003	0.0026
	摇臂钻床　钻孔直径　φ50	台班				0.0001	0.0001	
	交流弧焊机　容量　21kVA	台班		0.0055	0.0009	0.0086	0.0086	
	点焊机　容量　50kVA	台班		0.0019				
	电动空气压缩机　排气量　3m³/min	台班				0.0001	0.0001	

10.8 装配式构件工程

定额编号		PGT10-58	PGT10-59	PGT10-60	PGT10-61	PGT10-62	PGT10-63
项 目		钢筋混凝土基础	钢筋混凝土柱	钢筋混凝土梁	钢筋混凝土板	钢筋混凝土外墙板	钢筋混凝土内墙板
单 位		m³	m³	m³	m³	m³	m³
基 价（元）		**2978.95**	**3382.90**	**3194.98**	**2873.78**	**3115.07**	**2659.85**
其中	人 工 费（元）	245.26	147.00	78.80	148.67	74.70	72.80
	材 料 费（元）	2565.39	3083.93	2967.62	2592.88	2870.53	2423.39
	机 械 费（元）	168.30	151.97	148.56	132.23	169.84	163.66
名 称	单位	数 量					
人工 普通工	工日	2.7234	0.4429	0.2417	0.1440	0.2296	0.2239
建筑技术工	工日	0.2467	1.0051	0.5357	1.2356	0.5075	0.4945
计价材料 槽钢 16 号以下	kg	0.2154	0.3299	0.3299	0.3197	0.3197	0.3197
焊接钢管 DN50	kg		0.3299	0.1351			
挤压套筒	个		0.2390				
预埋铁件 综合	kg	0.0017	0.0028	0.0028	0.0025	0.0026	0.0024
板材红白松 二等	m³	0.0011	0.0018	0.0014	0.0155	0.0155	0.0155
水泥砂浆 1：2.5	m³		0.0245	0.0245	0.0245	0.0245	0.0245
水泥砂浆 1：3	m³		0.0371	0.0371	0.0371	0.0371	0.0371
素水泥浆	m³		0.0059	0.0059	0.0059	0.0059	0.0059
现浇混凝土 C30-10 现场搅拌	m³	0.0388	0.0690	0.0690	0.0792	0.0792	0.0792

定 额 编 号		PGT10-58	PGT10-59	PGT10-60	PGT10-61	PGT10-62	PGT10-63
项 目		钢筋混凝土基础	钢筋混凝土柱	钢筋混凝土梁	钢筋混凝土板	钢筋混凝土外墙板	钢筋混凝土内墙板
计价材料	现浇混凝土 C15-40 现场搅拌 m³	0.3614					
	隔离剂 kg	0.0498					
	电焊条 J422 综合 kg	1.1456	2.9191	2.9191	2.9191	1.3449	1.2444
	镀锌六角螺栓 M20×80 个		0.0513	0.0513			
	镀锌铁丝 综合 kg		0.0087	0.0087	0.0087	0.0087	0.0087
	酚醛调和漆 kg		0.0862	0.0862	0.0862	0.0862	0.0862
	水 t	0.1764					
	钢管脚手架 包括扣件 kg		0.0625	0.0625	0.0625	0.0625	0.0625
	钢脚手板 50×250×4000 块		0.0013	0.0013	0.0013	0.0013	0.0013
	尼龙编织布 m²		0.0137	0.0137	0.0137	0.0137	0.0137
	木模板 m³	0.0103	0.0051	0.0051	0.0104		
	装配式预制混凝土基础 m³	1.0251					
	装配式预制混凝土柱 m³		1.0201				
	装配式预制混凝土梁 m³			1.0201			
	装配式预制混凝土板 m³				1.0201		
	装配式预制混凝土外墙板 m³					1.0201	
	装配式预制混凝土内墙板 m³						1.0201
	其他材料费 元	50.3000	60.4700	58.1900	50.8400	56.2800	47.5200

定 额 编 号			PGT10-58	PGT10-59	PGT10-60	PGT10-61	PGT10-62	PGT10-63
项 目			钢筋混凝土基础	钢筋混凝土柱	钢筋混凝土梁	钢筋混凝土板	钢筋混凝土外墙板	钢筋混凝土内墙板
机械	电动夯实机 夯击能量 250N·m	台班	0.0051					
	履带式起重机 起重量 25t	台班	0.1459				0.0959	0.0927
	履带式起重机 起重量 50t	台班		0.0538	0.0518	0.0421	0.0224	0.0221
	汽车式起重机 起重量 8t	台班		0.0002	0.0002	0.0002	0.0002	0.0002
	塔式起重机 起重力矩 1500kN·m	台班		0.0003	0.0003	0.0003	0.0003	0.0003
	塔式起重机 起重力矩 2500kN·m	台班	0.0001					
	载重汽车 6t	台班		0.0002	0.0002	0.0002	0.0002	0.0002
	电动单筒快速卷扬机 10kN	台班	0.0006	0.0102	0.0102	0.0102	0.0102	0.0102
	单笼施工电梯 提升质量（t）1 提升高度 75m	台班	0.0001					
	卷扬机架（单笼5t以内） 架高 40m 以内	台班	0.0006	0.0102	0.0102	0.0102	0.0102	0.0102
	混凝土振捣器（平台式）	台班	0.0234					
	木工圆锯机 直径 ϕ500	台班	0.0126	0.0071	0.0071	0.0152	0.0164	0.0164
	交流弧焊机 容量 21kVA	台班	0.4621	0.8282	0.8282	0.8282	0.5666	0.5267
	电动空气压缩机 排气量 3m³/min	台班		0.0012	0.0012	0.0012	0.0012	0.0012

定 额 编 号			PGT10-64	PGT10-65	PGT10-66
项 目			钢筋混凝土女儿墙	钢筋混凝土水池	钢筋混凝土电缆沟
单 位			m³	m³	m³
基 价 (元)			**2593.38**	**3026.02**	**3090.58**
其中	人 工 费 (元)		86.43	142.85	160.45
	材 料 费 (元)		2447.48	2734.36	2719.45
	机 械 费 (元)		59.47	148.81	210.68
名 称		单位	数 量		
人工	普通工	工日	0.2642	1.2115	1.4304
	建筑技术工	工日	0.5882	0.4138	0.4146
计价材料	槽钢 16 号以下	kg	0.2716	0.3197	0.3197
	平垫铁 综合	kg	2.0275		
	预埋铁件 综合	kg	0.0018	0.3055	0.0852
	板材红白松 二等	m³	0.0022	0.0136	0.0155
	水泥砂浆 1:2.5	m³	0.0245	0.0245	0.0245
	水泥砂浆 1:3	m³	0.0371	0.0371	0.0371
	素水泥浆	m³	0.0059	0.0059	0.0059
	现浇混凝土 C30-10 现场搅拌	m³	0.0066	0.0081	0.0792
	现浇混凝土 C15-40 现场搅拌	m³			0.0703
	隔离剂	kg			0.0097
	中砂	m³		0.0115	
	电焊条 J422 综合	kg	0.4659	0.2153	0.3918

238

续表

定 额 编 号			PGT10-64	PGT10-65	PGT10-66
项 目			钢筋混凝土女儿墙	钢筋混凝土水池	钢筋混凝土电缆沟
计价材料	镀锌铁丝 综合	kg	0.0087	0.0087	0.0087
	橡胶止水带 普通型	m			0.5188
	酚醛调和漆	kg	0.0862	0.0862	0.0862
	水	t		0.0538	0.0343
	钢管脚手架 包括扣件	kg	0.0625	0.0625	0.0625
	钢脚手板 50×250×4000	块	0.0013	0.0013	0.0013
	尼龙编织布	m²	0.0137	0.0137	0.0137
	木模板	m³			0.0014
	内模定型加固圈	kg	0.7203		
	装配式预制混凝土女儿墙	m³	1.0201		
	装配式预制混凝土电缆沟	m³			1.0201
	装配式预制混凝土水池	m³		1.0201	
	其他材料费	元	47.9900	53.6100	53.3200
机械	履带式推土机 功率 75kW	台班		0.0012	0.0013
	履带式单斗液压挖掘机 斗容量 1m³	台班		0.0023	
	电动夯实机 夯击能量 250N·m	台班		0.0595	0.0463
	履带式起重机 起重量 15t	台班	0.0534	0.0357	
	履带式起重机 起重量 25t	台班		0.0979	
	汽车式起重机 起重量 8t	台班	0.0002	0.0002	0.0002

定 额 编 号			PGT10-64	PGT10-65	PGT10-66
项 目			钢筋混凝土女儿墙	钢筋混凝土水池	钢筋混凝土电缆沟
机械	汽车式起重机 起重量 25t	台班			0.1355
	汽车式起重机 起重量 50t	台班			0.0081
	塔式起重机 起重力矩 1500kN·m	台班	0.0003	0.0003	0.0003
	载重汽车 6t	台班	0.0002	0.0002	0.0002
	自卸汽车 12t	台班		0.0087	
	电动单筒快速卷扬机 10kN	台班	0.0102	0.0102	0.0102
	卷扬机架（单笼5t以内）架高 40m以内	台班	0.0102	0.0102	0.0102
	混凝土振捣器（平台式）	台班			0.0046
	木工圆锯机 直径 $\phi500$	台班	0.0203	0.0193	0.0170
	交流弧焊机 容量 21kVA	台班	0.1675	0.1592	0.1675
	电动空气压缩机 排气量 3m³/min	台班	0.0012	0.0012	0.0012

定　额　编　号		PGT10-67	PGT10-68	PGT10-69
项　　　　　目		钢筋混凝土围墙板	钢筋混凝土预制板防火墙	蒸压轻质加气预制板防火墙
单　　　　　位		m³	m³	m³
基　　　价（元）		**2881.72**	**3252.03**	**3456.97**
其中	人　工　费（元）	99.93	136.27	138.08
	材　料　费（元）	2643.01	2992.78	3200.88
	机　械　费（元）	138.78	122.98	118.01
名　　　　称	单位	数　　　量		
人工	普通工	工日	0.6286	1.1121	1.1289
	建筑技术工	工日	0.4472	0.4261	0.4303
计价材料	槽钢　16号以下	kg	0.3197	0.3197	0.3197
	预埋铁件　综合	kg	0.3055	0.4446	0.4446
	板材红白松　二等	m³	0.0204	0.0150	0.0150
	水泥砂浆　1:2.5	m³	0.0245	0.0245	0.0245
	水泥砂浆　1:3	m³	0.0371	0.0371	0.0371
	素水泥浆	m³	0.0059	0.0059	0.0059
	现浇混凝土　C30-10　现场搅拌	m³	0.0812	0.0883	0.0883
	现浇混凝土　C25-40　现场搅拌	m³	0.1312	0.1312	0.1312
	隔离剂	kg	0.0372	0.0372	0.0372
	电焊条　J422　综合	kg	0.2153	0.3918	0.3918
	对拉螺栓　M16	kg	0.0694	0.0694	0.0694

续表

定 额 编 号			PGT10-67	PGT10-68	PGT10-69
项 目			钢筋混凝土围墙板	钢筋混凝土 预制板防火墙	蒸压轻质加气 预制板防火墙
计价材料	镀锌铁丝　综合	kg	0.0087	0.0087	0.0087
	聚氯乙烯塑料薄膜　0.5mm	m²	0.1243	0.1243	0.1243
	酚醛调和漆	kg	0.0862	0.0862	0.0862
	水	t	0.0917	0.0917	0.0917
	钢管脚手架　包括扣件	kg	0.0625	0.0625	0.0625
	钢脚手板　50×250×4000	块	0.0013	0.0013	0.0013
	尼龙编织布	m²	0.0137	0.0137	0.0137
	通用钢模板	kg	0.4953	0.4953	0.4953
	木模板	m³	0.0005	0.0005	0.0005
	装配式预制混凝土围墙板	m³	1.0201		
	装配式预制混凝土防火墙（普通）	m³		1.0201	
	装配式预制混凝土防火墙（蒸压轻质加气）	m³			1.0201
	其他材料费	元	51.8200	58.6800	62.7600
机械	电动夯实机　夯击能量　250N·m	台班	0.0049	0.0005	0.0005
	履带式起重机　起重量　15t	台班	0.0327	0.0358	0.0439
	履带式起重机　起重量　25t	台班	0.0703	0.0782	0.0764
	汽车式起重机　起重量　5t	台班	0.0007	0.0007	0.0007
	汽车式起重机　起重量　8t	台班	0.0002	0.0002	0.0002
	塔式起重机　起重力矩　1500kN·m	台班	0.0003	0.0003	0.0003

242

续表

定 额 编 号			PGT10-67	PGT10-68	PGT10-69
项 目			钢筋混凝土围墙板	钢筋混凝土 预制板防火墙	蒸压轻质加气 预制板防火墙
机 械	载重汽车　5t	台班	0.0660	0.0009	0.0009
	载重汽车　6t	台班	0.0002	0.0002	0.0002
	电动单筒快速卷扬机　10kN	台班	0.0102	0.0102	0.0102
	卷扬机架（单笼5t以内）　架高　40m 以内	台班	0.0102	0.0102	0.0102
	混凝土振捣器（插入式）	台班	0.0100	0.0100	0.0100
	木工圆锯机　直径　φ500	台班	0.0193	0.0193	0.0193
	交流弧焊机　容量　21kVA	台班	0.1592	0.1592	0.1592
	电动空气压缩机　排气量　3m³/min	台班	0.0012	0.0012	0.0012

第 **11** 章　室内给水、排水、采暖、通风空调、照明与接地、特殊消防工程

说　　明

1. 本章定额适用于建筑物、构筑物室内给水与排水（含常规水消防）、采暖、通风空调及建（构）筑物照明、防雷接地、特殊消防工程。

2. 定额中的特殊消防是指常规水消防以外的消防设施，包括消防探测、报警、灭火系统。

3. 室内给水与排水、采暖、通风空调、照明、防雷接地按照单位工程执行定额。

4. 定额中包括采暖、通风空调、照明、防雷接地、特殊消防工程设备的安装费与单体调试费及系统调试费，未包括设备费与设备运杂费。定额中安装设备与材料的规格及消耗量是综合考虑的，工程实际与定额不同时，不作调整。建筑工程设备与材料划分如下：

（1）给排水（含常规水消防）工程中，水表、流量计、压力表、阀门、卫生器具、室内消火栓、水泵接合器、生活消防水箱等定义为材料；水泵、稳压器、水处理装置、水净化装置定义为设备，其安装费参照有关定额单独计算。

（2）采暖工程中，散热器、疏水器、蒸汽分汽缸、集器罐、伸缩节、流量计、温度计、压力表、阀门等定义为材料；电暖气、电热水器、暖风机、热风幕、热交换器、热网水泵等定义为设备，其安装费包含在采暖定额中。

（3）通风空调工程中，通风阀、百叶孔、方圆节定义为材料；制冷机、空调机、风机盘管、轴流风机、消声装置、屋顶通风器等定义为设备，其安装费包含在通风空调定额中。

（4）照明工程中，联闪控制器、镇流器、电气仪表、接线盒、开关、灯具、航空灯、插座等定义为材料；照明配电箱（含降压照明箱、事故照明箱）、配电盘、配电柜定义为设备，其安装费包含在照明定额中。

（5）特殊消防工程中，感温感烟探测器、感烟探测电缆、控制模块、模拟盘、按钮、声光报警器、喷淋装置、预作用系统、泡沫发生器、呼吸机、喷淋二次升压消防泵、稳压泵定义为设备，其安装费包含在特殊消防定额中。

5. 采暖、通风空调定额是按照Ⅲ地区编制的，地区类别差按照表11-1地区分类调整系数表进行调整。Ⅰ类地区原则上不实施采暖，当工程需要采暖时，可参照执行。

表11-1   地区分类调整系数表

地区分类	采暖	通风空调
Ⅰ	0.3	1.3
Ⅱ	0.75	1.15
Ⅲ	1	1
Ⅳ	1.2	0.9
Ⅴ	1.3	0.8

注：地区分类见《20KV及以下配电网建设工程预算编制与计算规定（2022年版）》。

6. 给排水（含常规水消防）工程包括给水管道、排水管道、消防管道、管道支架、阀门、法兰、水表、流量计、压力表、水龙头、淋浴喷头、地漏、清扫孔、检查孔、透气帽、卫生器具、室内消火栓、水泵接合器、生活消防水箱等安装，管道支架、生活消防水箱的制作，以及保温油漆、防腐保护、管道冲洗、水压试验、调试、安拆脚手架等工作内容。

7. 采暖工程包括采暖管道、管道支架、阀门、法兰、水表、流量计、温度计、压力表、散热器、疏水器、蒸汽分汽缸、集器罐、伸缩节、采暖设备等安装，管道支架、疏水器、蒸汽分汽缸、集器罐、伸缩节的制作，以及保温油漆、防腐保护、管道冲洗、水压试验、调试、安拆脚手架等工作内容。

8. 通风空调工程包括风道、风道支架、风口、风帽、风阀、现场配制设备支架等制作与安装，通风空调设备安装，以及保温油漆、防腐保护、调试、安拆脚手架等工作内容。

9. 照明工程包括照明配电箱（含降压照明箱、事故照明箱）、联闪控制器、镇流器、接线盒、开关、插座、灯具、航空灯等安装，以及敷设电线管、敷设照明电线、调试、安拆脚手架等工作内容。

10. 接地工程包括接地极制作与安装、接地母线敷设、接地跨接线、避雷针制作与安装、引下线敷设、避雷带（网）安装、接地测试、安装接地或敷设接地母线时土方开挖与回填、安拆脚手架等工作内容。不包括接地降阻剂换填、阴极保护接地。

11. 特殊消防工程包括感温感烟探测器、感烟探测电缆、控制模块、模拟盘、按钮、声光报警器、喷淋装置、预作用系统、泡沫发生器、呼吸机、控制电缆、管道、喷头等安装，以及保温油漆、防腐保护、调试、安拆脚手架等工作内容。

12. 定额中未考虑施工安装与生产运行相互交叉因素，单位工程发生时按照相应的定额人工费增加 10%。定额已经考虑建筑与安装施工交叉的因素。

工程量计算规则

1. 室内给水与排水、采暖、通风空调、照明工程，按照建筑物、构筑物的建筑体积或面积或长度或高度计算工程量。建筑体积、建筑面积、建筑长度，按照附录 A 电力建设工程建筑面积计算规则、附录 B 电力建设工程建筑体积计算规则执行。

2. 管道、照明电线界线划分。

（1）给水管道、排水管道、消防水管道，以建筑物、构筑物外墙轴线外 1m 分界。

（2）采暖管道以建筑物、构筑物外墙轴线外 1m 分界。

（3）照明电源线以建筑物、构筑物照明总配电箱分界，无总配电箱者以照明配电箱或照明配电盘分界。

（4）特殊消防喷淋管道以建筑物、构筑物常规消防水主管道分界。

11.1 给水与排水工程

定额编号		PGT11-1	PGT11-2	PGT11-3
项　　　目		保护室	户内敞开式配电装置	配电室
			给排水	
单　　　位		m³	m³	m³
基　　价（元）		**2.32**	**1.81**	**2.60**
其中	人　工　费（元）	0.39	0.30	0.39
	材　料　费（元）	1.93	1.51	2.21
	机　械　费（元）			
名　　　称	单位		数　　　量	
人工 普通工	工日	0.0016	0.0012	0.0016
建筑技术工	工日	0.0024	0.0018	0.0024
计价材料 焊接钢管　DN50	kg	0.0014	0.0010	0.0029
镀锌钢管　DN20 以下	kg	0.0082	0.0066	0.0079
镀锌钢管　DN25	kg	0.0188	0.0181	0.0177
铸铁托架（洗涤盆用）	个	0.0014	0.0010	0.0030
截止阀　J11T-16　DN25	只		0.0005	
铜水嘴　DN15	只	0.0014	0.0010	0.0030
铜水嘴　DN20	只	0.0007	0.0005	0.0015
螺纹法兰　PN1.6　DN25	副	0.0007	0.0005	0.0015
平焊法兰　PN1.6　DN100	片	0.0005	0.0002	0.0003

续表

定 额 编 号			PGT11-1	PGT11-2	PGT11-3
项 目			保护室	户内敞开式配电装置	配电室
			给排水		
计价材料	法兰阀门 DN25	个	0.0007	0.0005	0.0015
	洗涤（化验）盆全套双嘴	套	0.0007	0.0005	0.0015
	蹲式大便器脚踏式	套		0.0005	
	塑料存水弯 DN50	个	0.0007	0.0005	0.0015
	铜存水弯 DN50	个		0.0005	
	塑料地漏 DN100	个	0.0020	0.0016	0.0046
	塑料扫除孔 DN100	个	0.0040		
	消火栓单栓 DN65	套	0.0005		
	消火栓双栓 DN65	套		0.0002	0.0003
	水泵接合器墙壁式 100	套	0.0005	0.0002	0.0003
	精制六角螺栓 综合	kg	0.0027	0.0011	0.0017
	膨胀螺栓 M10	套	0.0021	0.0008	0.0012
	镀锌弯头 DN20 以下	个	0.0014	0.0015	0.0030
	镀锌弯头 DN25	个		0.0005	
	镀锌管接头 DN20	个	0.0014	0.0010	0.0030
	镀锌管接头 DN50	个	0.0007	0.0005	0.0015
	镀锌活接头 DN25	个		0.0005	
	镀锌钢管接头零件 DN20 以下	个	0.0053	0.0043	0.0050

续表

定 额 编 号			PGT11-1	PGT11-2	PGT11-3
项 目			保护室	户内敞开式配电装置	配电室
				给排水	
计价材料	镀锌钢管接头零件 DN25	个	0.0071	0.0058	0.0067
	塑料给水管 DN50	m	0.0047	0.0038	0.0044
	塑料给水管 DN100	m	0.0047	0.0038	0.0044
	塑料管接头 DN50	个	0.0030	0.0024	0.0028
	塑料管接头 DN100	个	0.0012	0.0010	0.0012
	汽油	kg	0.0001		
	玻璃胶	kg		0.0003	
	酚醛防锈漆 F53 各色	kg	0.0003	0.0001	0.0001
	酚醛调和漆	kg	0.0006	0.0001	0.0002
	其他材料费	元	0.0400	0.0300	0.0400

定 额 编 号		PGT11-4	PGT11-5	PGT11-6	PGT11-7
项 目		生产建筑		生活建筑	
		多层给排水	单层给排水	多层给排水	单层给排水
单 位		m³	m³	m²	m²
基 价 (元)		**8.09**	**6.27**	**46.07**	**59.36**
其中	人 工 费 (元)	1.41	1.25	6.57	8.80
	材 料 费 (元)	6.58	4.96	39.46	49.91
	机 械 费 (元)	0.10	0.06	0.04	0.65
名 称	单位	数 量			
人工 普通工	工日	0.0057	0.0050	0.0265	0.0353
建筑技术工	工日	0.0086	0.0077	0.0401	0.0538
等边角钢 边长63以下	kg	0.0009	0.0035	0.0062	0.0161
扁钢 综合	kg	0.0006	0.0023	0.0041	0.0106
薄钢板 1.5mm以下	kg	0.0036	0.0136	0.0243	0.0629
焊接钢管 DN50	kg	0.0004	0.0012	0.0267	0.0211
焊接钢管 DN65	kg		0.1483		
焊接钢管 DN80	kg				0.0230
焊接钢管 DN100	kg	0.3375	0.0642		1.1786
镀锌钢管 DN20以下	kg	0.0185	0.0192	0.2659	0.0610
镀锌钢管 DN25	kg	0.0156		0.2035	0.1357
镀锌钢管 DN32	kg				0.0206
镀锌钢管 DN40	kg				0.0868

252

定 额 编 号		PGT11-4	PGT11-5	PGT11-6	PGT11-7
项 目		生产建筑		生活建筑	
		多层给排水	单层给排水	多层给排水	单层给排水
计价材料	镀锌钢管 DN50	kg	0.0528			0.2598
	铸铁托架（洗涤盆用）	个	0.0004	0.0012	0.0277	0.0218
	闸阀 Z41H-16 DN50	只				0.0027
	闸阀 Z41H-16 DN65	只	0.0003			
	闸阀 Z41H-16 DN80	只	0.0003	0.0012		0.0027
	闸阀 Z41H-16 DN100	只	0.0010			0.0100
	闸阀 Z41H-16 DN150	只	0.0003			
	截止阀 J11W-10 DN15	只	0.0006	0.0083	0.0478	0.0183
	截止阀 J11T-16 DN20	只	0.0085		0.0160	
	截止阀 J11T-16 DN25	只	0.0005		0.0276	0.0274
	截止阀 J11T-16 DN32	只				0.0018
	截止阀 J11T-16 DN40	只				0.0018
	截止阀 J11T-16 DN50	只				0.0018
	铜水嘴 DN15	只	0.0004	0.0012	0.0277	0.0218
	铜水嘴 DN20	只	0.0002	0.0018	0.0212	0.0027
	喷水鸭嘴 DN15	只	0.0035		0.0045	0.0045
	平焊法兰 PN1.6 DN50	片				0.0054
	平焊法兰 PN1.6 DN65	片	0.0006			

定 额 编 号			PGT11-4	PGT11-5	PGT11-6	PGT11-7
项 目			生产建筑		生活建筑	
			多层给排水	单层给排水	多层给排水	单层给排水
计价材料	平焊法兰 PN1.6 DN80	片	0.0006	0.0024		0.0054
	平焊法兰 PN1.6 DN100	片	0.0026	0.0012	0.0042	0.0209
	平焊法兰 PN1.6 DN150	片	0.0006			
	钢管卡子 DN25	个	0.0044		0.0083	
	洗涤（化验）盆全套双嘴	套	0.0002	0.0006	0.0138	0.0109
	莲蓬喷头冷水	个	0.0042		0.0080	
	蹲式大便器脚踏式	套	0.0003		0.0138	0.0237
	小便器全套	套	0.0035		0.0045	0.0045
	小便器角型阀 DN15	个	0.0035		0.0045	0.0045
	塑料存水弯 DN50	个	0.0002	0.0006	0.0138	0.0109
	铸铁存水弯 DN32	个	0.0035		0.0045	0.0045
	铜存水弯 DN50	个	0.0003		0.0138	0.0236
	塑料地漏 DN50	个	0.0002	0.0018	0.0284	0.0036
	塑料地漏 DN100	个	0.0019			0.0100
	不锈钢扫除孔 DN100	个				0.0091
	塑料扫除孔 DN100	个	0.0005	0.0006	0.0096	
	消火栓单栓 DN65	套				0.0018
	消火栓双栓 DN65	套	0.0009	0.0006	0.0042	

定 额 编 号			PGT11-4	PGT11-5	PGT11-6	PGT11-7
项 目			生产建筑		生活建筑	
			多层给排水	单层给排水	多层给排水	单层给排水
计价材料	水泵接合器墙壁式 100	套	0.0006	0.0012	0.0042	0.0009
	精制六角螺栓 综合	kg	0.0031	0.0062	0.0232	0.0059
	膨胀螺栓 M10	套	0.0025	0.0049	0.0173	0.0037
	镀锌弯头 DN20 以下	个	0.0134	0.0012	0.0654	0.0456
	镀锌弯头 DN25	个	0.0003		0.0138	0.0237
	镀锌三通 DN20 以下	个	0.0042		0.0080	
	镀锌管接头 DN20	个	0.0039	0.0012	0.0322	0.0264
	镀锌管接头 DN50	个	0.0002	0.0006	0.0138	0.0109
	镀锌活接头 DN20 以下	个	0.0042		0.0080	
	镀锌活接头 DN25	个	0.0003		0.0138	0.0237
	镀锌钢管接头零件 DN20 以下	个	0.0026	0.0127	0.1564	0.0378
	镀锌钢管接头零件 DN25	个	0.0053		0.0473	
	镀锌钢管接头零件 DN32	个				0.0050
	镀锌钢管接头零件 DN40	个				0.0153
	镀锌钢管接头零件 DN50	个	0.0066			0.0324
	焊接钢管接头零件 DN65	个		0.0095		
	焊接钢管接头零件 DN80	个				0.0010
	焊接钢管接头零件 DN100	个	0.0107	0.0020		0.0373

续表

定 额 编 号			PGT11-4	PGT11-5	PGT11-6	PGT11-7
项 目			生产建筑		生活建筑	
			多层给排水	单层给排水	多层给排水	单层给排水
计价材料	塑料给水管 DN50	m	0.0003	0.0036	0.0347	0.0589
	塑料给水管 DN100	m	0.0047	0.0117	0.1228	0.1105
	塑料管接头 DN50	个	0.0002	0.0023	0.0221	0.0376
	塑料管接头 DN100	个	0.0012	0.0031	0.0323	0.0290
	汽油	kg	0.0005	0.0009	0.0004	0.0019
	玻璃胶	kg	0.0002		0.0069	0.0118
	酚醛防锈漆 F53 各色	kg	0.0017	0.0029	0.0013	0.0062
	酚醛调和漆	kg	0.0031	0.0051	0.0024	0.0110
	其他材料费	元	0.1300	0.1000	0.7800	0.9800
机械	管子切断机 管径 φ150	台班	0.0001		0.0001	0.0003
	管子切断套丝机 管径 φ159	台班	0.0006	0.0004	0.0002	0.0021
	法兰卷圆机 L40×4	台班				0.0001
	交流弧焊机 容量 21kVA	台班	0.0001	0.0001	0.0004	0.0002
	逆变多功能焊机 D7-500	台班	0.0005	0.0003		0.0037
	砂轮切割机 直径 φ400	台班			0.0001	

11.2 采暖工程

定 额 编 号		PGT11-8	PGT11-9	PGT11-10
项 目		保护室	户内敞开式配电装置	配电室
		采暖		
单 位		m³	m³	m³
基 价 （元）		**10.30**	**5.46**	**6.33**
其中	人 工 费 （元）	3.55	1.36	1.55
	材 料 费 （元）	6.43	3.99	4.70
	机 械 费 （元）	0.32	0.11	0.08
名 称	单位	数 量		
人工 普通工	工日	0.0144	0.0055	0.0063
建筑技术工	工日	0.0216	0.0083	0.0094
计价材料 等边角钢 边长63以下	kg	0.1231	0.0823	0.0608
焊接钢管 DN40	kg	0.1911	0.0435	
焊接钢管 DN50	kg	0.1215	0.0627	
焊接钢管 DN65	kg	0.0826	0.0318	0.2858
镀锌钢管 DN20以下	kg	0.0422	0.0150	0.0021
镀锌钢管 DN25	kg	0.0941	0.0141	
闸阀 Z15T-10K DN50	只	0.0011	0.0002	0.0014
闸阀 Z41H-16 DN40	只	0.0070	0.0001	
闸阀 Z41H-16 DN50	只		0.0002	

续表

定 额 编 号			PGT11-8	PGT11-9	PGT11-10
项 目			保护室	户内敞开式配电装置	配电室
			采暖		
计价材料	截止阀 J11W-10 DN15	只	0.0071	0.0043	0.0017
	截止阀 J11T-16 DN25	只			0.0009
	自动排气阀 DN15	只		0.0001	
	自动排气阀 DN20	只		0.0037	
	螺纹法兰 PN1.6 DN25	副			0.0017
	平焊法兰 PN1.6 DN40	片	0.0140	0.0002	
	平焊法兰 PN1.6 DN50	片		0.0004	
	法兰阀门 DN25	个			0.0017
	压力表 2.5MPa	只	0.0011	0.0002	0.0014
	温度计 100℃	只	0.0011	0.0002	0.0014
	水表 DN50	只	0.0011	0.0002	0.0014
	硬质瓦块	m³	0.0002		
	精制六角螺栓 综合	kg	0.0020	0.0013	0.0010
	膨胀螺栓 M12	套	0.0425	0.0276	0.0210
	镀锌管接头 DN20	个		0.0077	
	镀锌钢管接头零件 DN20 以下	个	0.0281	0.0100	0.0014
	镀锌钢管接头零件 DN25	个	0.0358	0.0054	
	焊接钢管接头零件 DN40	个	0.0383	0.0087	

续表

定　额　编　号		PGT11-8	PGT11-9	PGT11-10
项　　目		保护室	户内敞开式配电装置	配电室
		采暖		
计价材料	焊接钢管接头零件　DN50　个	0.0152	0.0078	
	焊接钢管接头零件　DN65　个	0.0053	0.0020	0.0184
	钢制柱式散热器　300~1000mm　片	0.0440	0.0790	0.0770
	汽油　kg	0.0025	0.0008	0.0011
	银粉　kg	0.0005	0.0002	0.0002
	酚醛防锈漆　F53各色　kg	0.0030	0.0013	0.0014
	酚醛清漆　kg	0.0016	0.0007	0.0007
	其他材料费　元	0.1300	0.0800	0.0900
机械	管子切断机　管径 φ150　台班	0.0004	0.0001	
	管子切断套丝机　管径 φ159　台班	0.0006	0.0002	0.0005
	交流弧焊机　容量 21kVA　台班	0.0013	0.0008	0.0006
	逆变多功能焊机　D7-500　台班	0.0009		
	砂轮切割机　直径 φ400　台班	0.0003	0.0002	0.0002
	冲击钻　台班	0.0007	0.0005	0.0003

定 额 编 号		PGT11-11	PGT11-12	PGT11-13	PGT11-14
项 目		生产建筑		生活建筑	
		多层采暖	单层采暖	多层采暖	单层采暖
单 位		m³	m³	m²	m²
基 价 （元）		**6.38**	**9.05**	**45.07**	**37.80**
其中	人 工 费 （元）	1.35	2.64	12.57	9.12
	材 料 费 （元）	4.91	6.24	31.95	28.26
	机 械 费 （元）	0.12	0.17	0.55	0.42
名 称	单位	数 量			
人工 普通工	工日	0.0055	0.0107	0.0510	0.0370
建筑技术工	工日	0.0082	0.0161	0.0765	0.0555
计价材料 等边角钢 边长63以下	kg	0.0550	0.1074	0.1413	0.0872
焊接钢管 DN20以下	kg		0.0004		
焊接钢管 DN32	kg	0.0150	0.0338	0.2066	0.4371
焊接钢管 DN40	kg	0.0111	0.1915	0.4704	
焊接钢管 DN50	kg	0.0114			
焊接钢管 DN65	kg	0.0061			
焊接钢管 DN80	kg	0.0077			
焊接钢管 DN100	kg	0.0199			
焊接钢管 DN125	kg	0.0276			
镀锌钢管 DN20以下	kg	0.0142		0.0256	0.2663
镀锌钢管 DN25	kg	0.0537	0.0709	1.1873	0.1100

定 额 编 号			PGT11-11	PGT11-12	PGT11-13	PGT11-14
项 目			生产建筑		生活建筑	
			多层采暖	单层采暖	多层采暖	单层采暖
计价材料	闸阀　Z15T-10K　DN50	只	0.0006	0.0017	0.0007	0.0012
	闸阀　Z41H-16　DN32	只		0.0003		
	闸阀　Z41H-16　DN40	只	0.0006	0.0003	0.0059	
	闸阀　Z41H-16　DN50	只	0.0001			
	闸阀　Z41H-16　DN80	只			0.0040	
	闸阀　Z41H-16　DN100	只	0.0001			
	闸阀　Z41H-16　DN125	只	0.0001			
	截止阀　J11T-16　DN20	只		0.0003		
	截止阀　J11T-16　DN32	只	0.0001			
	截止阀　J11T-16　DN40	只	0.0002			
	旋塞阀　X13T-10　DN15	只	0.0002	0.0002		
	自动排气阀　DN20	只			0.0020	0.0012
	疏水阀　CS19H-10　DN20以下	只		0.0001		
	疏水阀　CS19H-10　DN40	只	0.0001			
	压制弯头　PN2.5　DN125	只	0.0003			
	螺纹法兰　PN1.6　DN20	副	0.0001	0.0079	0.0224	0.0232
	螺纹法兰　PN1.6　DN25	副			0.0211	0.0012
	螺纹法兰　PN1.6　DN32	副	0.0001			0.0024

定 额 编 号			PGT11-11	PGT11-12	PGT11-13	PGT11-14
项 目			生产建筑		生活建筑	
			多层采暖	单层采暖	多层采暖	单层采暖
计价材料	平焊法兰 PN1.6 DN32	片		0.0006		
	平焊法兰 PN1.6 DN40	片	0.0012	0.0006	0.0118	
	平焊法兰 PN1.6 DN50	片	0.0002			
	平焊法兰 PN1.6 DN80	片			0.0080	
	平焊法兰 PN1.6 DN100	片	0.0002			
	平焊法兰 PN1.6 DN125	片	0.0002			
	法兰阀门 DN20	个	0.0001	0.0081	0.0228	0.0237
	法兰阀门 DN25	个			0.0215	0.0012
	法兰阀门 DN32	个	0.0001			0.0024
	压力表 2.5MPa	只	0.0006	0.0017	0.0007	0.0012
	温度计 100℃	只	0.0006	0.0017	0.0007	0.0012
	水表 DN50	只	0.0006	0.0017	0.0007	0.0012
	硬质瓦块	m³	0.0003	0.0003	0.0010	0.0094
	精制六角螺栓 综合	kg	0.0009	0.0017	0.0022	0.0014
	膨胀螺栓 M12	套	0.0190	0.0371	0.0484	0.0299
	镀锌弯头 DN20 以下	个		0.0002		
	镀锌弯头 DN32	个	0.0002			
	镀锌三通 DN20 以下	个		0.0004		

定 额 编 号			PGT11-11	PGT11-12	PGT11-13	PGT11-14
项 目			生产建筑		生活建筑	
			多层采暖	单层采暖	多层采暖	单层采暖
计价材料	镀锌三通　DN40	个	0.0004			
	镀锌管接头　DN20	个		0.0001	0.0040	0.0024
	镀锌管接头　DN40	个	0.0001			
	镀锌活接头　DN25	个		0.0002		
	镀锌活接头　DN50	个	0.0002			
	镀锌钢管接头零件　DN20 以下	个	0.0094		0.0170	0.1774
	镀锌钢管接头零件　DN25	个	0.0204	0.0270	0.4518	0.0419
	焊接钢管接头零件　DN32	个	0.0049	0.0115	0.0704	0.1489
	焊接钢管接头零件　DN40	个	0.0021	0.0383	0.0942	
	焊接钢管接头零件　DN50	个	0.0014			
	焊接钢管接头零件　DN65	个	0.0004			
	焊接钢管接头零件　DN80	个	0.0003			
	焊接钢管接头零件　DN100	个	0.0006			
	钢制柱式散热器　300~1000mm	片	0.1160	0.0940	0.4620	0.6360
	汽油	kg	0.0009	0.0017	0.0105	0.0057
	银粉	kg	0.0002	0.0004	0.0013	0.0052
	酚醛防锈漆　F53 各色	kg	0.0012	0.0022	0.0090	0.0104
	酚醛清漆	kg	0.0006	0.0012	0.0048	0.0249

续表

定额编号			PGT11-11	PGT11-12	PGT11-13	PGT11-14
项目			生产建筑		生活建筑	
			多层采暖	单层采暖	多层采暖	单层采暖
计价材料	其他材料费	元	0.1000	0.1200	0.6300	0.5500
机械	汽车式起重机 起重量 16t	台班				0.0001
	电动单筒快速卷扬机 10kN	台班			0.0001	0.0010
	管子切断机 管径 φ150	台班	0.0001	0.0003	0.0015	0.0004
	管子切断套丝机 管径 φ159	台班	0.0002	0.0003	0.0019	0.0005
	交流弧焊机 容量 21kVA	台班	0.0006	0.0011	0.0014	0.0009
	逆变多功能焊机 D7-500	台班	0.0003	0.0001	0.0017	
	砂轮切割机 直径 φ400	台班	0.0001	0.0003	0.0003	0.0002
	冲击钻	台班	0.0003	0.0006	0.0008	0.0005

11.3 通风与空调工程

定 额 编 号		PGT11-15	PGT11-16	PGT11-17	PGT11-18
项 目		保护室	户内敞开式配电装置	配电室	电缆隧道
		通风空调			通风
单 位		m³	m³	m³	m
基 价（元）		**8.07**	**3.00**	**3.41**	**85.63**
其中	人 工 费（元）	4.10	2.14	2.63	27.33
	材 料 费（元）	3.64	0.79	0.71	51.17
	机 械 费（元）	0.33	0.07	0.07	7.13
名 称	单位	数 量			
人工 普通工	工日	0.0144	0.0075	0.0092	0.0956
建筑技术工	工日	0.0266	0.0139	0.0171	0.1773
计价材料 等边角钢 边长63以下	kg	0.1434	0.0224	0.0205	1.7092
扁钢 综合	kg	0.0225	0.0007	0.0008	0.1404
圆钢 φ10以下	kg	0.0009	0.0009	0.0006	0.0836
圆钢 φ10以上	kg	0.0012	0.0004	0.0013	
薄钢板 1.5mm以下	kg	0.1197	0.0028	0.0161	0.4536
薄钢板 2.5mm以下	kg				7.3419
薄钢板 4mm以下	kg	0.3052	0.1170	0.0839	
铝板 综合	kg		0.0003	0.0009	

定　额　编　号			PGT11-15	PGT11-16	PGT11-17	PGT11-18
项　　　目			保护室	户内敞开式 配电装置	配电室	电缆隧道
			通风空调			通风
计价材料	闸阀　Z41H-16　DN65	只	0.0019			
	平焊法兰　PN1.6　DN65	片	0.0038			
	碎石混凝土　C15-20	m³	0.0001	0.0001	0.0001	0.0001
	碳钢气焊丝　综合	kg			0.0001	
	精制六角螺栓　综合	kg		0.0006	0.0026	0.0164
	钢板网　综合	m²	0.0080			0.0305
	银粉	kg	0.0001			0.0003
	酚醛防锈漆　F53 各色	kg	0.0005			0.0002
	酚醛清漆	kg	0.0003			0.0007
	其他材料费	元	0.0700	0.0200	0.0100	1.0000
机械	剪板机　厚度×宽度　6.3mm×2000mm	台班				0.0026
	法兰卷圆机　L40×4	台班	0.0002			
	交流弧焊机　容量　21kVA	台班	0.0038	0.0011	0.0011	0.0945
	逆变多功能焊机　D7-500	台班	0.0004			
	冲击钻	台班				0.0026

定　额　编　号	PGT11-19	PGT11-20	PGT11-21	PGT11-22
项　　　目	生产建筑		生活建筑	
	多层通风空调	单层通风空调	多层通风空调	单层通风空调
单　　　位	m³	m³	m²	m²
基　　价（元）	**7.56**	**4.58**	**29.05**	**23.47**
其中　人　工　费（元）	2.50	2.19	11.64	8.91
材　料　费（元）	4.50	2.15	15.79	13.25
机　械　费（元）	0.56	0.24	1.62	1.31

	名　　　称	单位	数　　　量			
人工	普通工	工日	0.0089	0.0077	0.0407	0.0312
	建筑技术工	工日	0.0161	0.0142	0.0755	0.0578
计价材料	等边角钢　边长63以下	kg	0.0959	0.0870	0.5896	0.5673
	扁钢　综合	kg	0.0031	0.0077	0.0604	0.1080
	圆钢　φ10以下	kg	0.0031	0.0022	0.0171	0.0113
	圆钢　φ10以上	kg	0.0006	0.0029	0.0049	0.0102
	薄钢板　1.5mm以下	kg	0.0046	0.0223	0.2473	0.5142
	薄钢板　4mm以下	kg	0.4120	0.2899	2.0551	1.1801
	镀锌钢板　1.0以下	kg			0.0543	0.0845
	闸阀　Z41H-16　DN65	只	0.0079			
	平焊法兰　PN1.6　DN65	片	0.0158			
	碎石混凝土　C15-20	m³			0.0001	0.0001
	精制六角螺栓　综合	kg		0.0056	0.0008	0.0017

定 额 编 号			PGT11-19	PGT11-20	PGT11-21	PGT11-22
项 目			生产建筑		生活建筑	
			多层通风空调	单层通风空调	多层通风空调	单层通风空调
计价材料	钢板网 综合	m²			0.0142	0.0296
	银粉	kg		0.0001	0.0003	0.0004
	酚醛防锈漆 F53 各色	kg	0.0002	0.0002	0.0015	0.0017
	酚醛清漆	kg	0.0001	0.0001	0.0008	0.0009
	其他材料费	元	0.0900	0.0400	0.3100	0.2600
机械	汽车式起重机 起重量 16t	台班			0.0001	0.0001
	剪板机 厚度×宽度 6.3mm×2000mm	台班	0.0001	0.0001	0.0006	0.0004
	法兰卷圆机 L40×4	台班			0.0003	0.0005
	交流弧焊机 容量 21kVA	台班	0.0037	0.0032	0.0199	0.0160
	逆变多功能焊机 D7-500	台班	0.0018			
	冲击钻	台班	0.0001	0.0001	0.0005	0.0004

11.4 照明与防雷接地工程

定 额 编 号		PGT11-23	PGT11-24	PGT11-25	PGT11-26
项 目		保护室	户内敞开式配电装置	配电室	电缆隧道
		照明接地			
单 位		m^3	m^3	m^3	m
基 价（元）		**9.47**	**6.48**	**9.75**	**60.58**
其中	人 工 费（元）	2.50	1.66	2.93	18.03
	材 料 费（元）	6.53	4.55	5.85	40.33
	机 械 费（元）	0.44	0.27	0.97	2.22
名 称	单位	数 量			
人工 普通工	工日	0.0125	0.0082	0.0134	0.0926
建筑技术工	工日	0.0135	0.0090	0.0167	0.0957
计价材料 镀锌角钢 边长50以下	kg	0.0124	0.0007	0.0371	0.3432
扁钢 综合	kg	0.0009	0.0001	0.0028	0.0260
扁钢（6~8）×75mm以下	kg	0.0013		0.0021	
镀锌扁钢 综合	kg	0.1894	0.0130	0.1101	0.7413
镀锌圆钢 ϕ8以下	kg	0.0057	0.0029	0.0018	
镀锌圆钢 ϕ16	kg	0.1183	0.0597	0.0381	
镀锌热轧圆盘条 ϕ10以下	kg	0.0017	0.0007	0.0049	
镀锌钢板 6以下	kg		0.0004	0.0048	

续表

定 额 编 号		PGT11-23	PGT11-24	PGT11-25	PGT11-26
项　　　　目		保护室	户内敞开式配电装置	配电室	电缆隧道
		照明接地			
计价材料	无缝钢管 10~20 号　φ28 以下　kg	0.3348	0.3479	0.1536	2.0564
	焊接钢管 DN40　kg	0.0028	0.0001	0.0046	
	钢垫板　综合　kg	0.0001	0.0001	0.0002	0.0007
	电焊条　J422　综合　kg		0.0001		0.0040
	木螺丝　kg		0.0001	0.0001	0.0044
	镀锌管接头　DN20　个	0.0329	0.0342	0.0151	0.2021
	铜芯绝缘导线　截面 2.5mm²　m	0.1361	0.3138	0.0467	
	铜芯绝缘导线　截面 4mm²　m				3.6584
	铜芯绝缘导线　截面 6mm²　m	0.2822	0.1117	0.2015	
	铜接线端子　6mm² 以下　个	0.0010	0.0008	0.0030	0.0093
	铜接线端子　25mm²　个			0.0114	
	普通灯具半圆球吸顶灯　DN250　套	0.0007	0.0042	0.0015	
	普通灯具一般壁灯　套			0.0007	0.1693
	普通灯具座灯头　套	0.0081	0.0119	0.0061	0.1693
	荧光灯具吸顶式单管　套	0.0040	0.0073	0.0061	
	荧光灯具吸顶式双管　套	0.0085			

续表

定　额　编　号			PGT11-23	PGT11-24	PGT11-25	PGT11-26
项　　　目			保护室	户内敞开式配电装置	配电室	电缆隧道
			照明接地			
计价材料	诱导灯墙壁式	套			0.0113	
	单控扳式暗开关单联	套	0.0011	0.0009	0.0023	0.0070
	单控扳式暗开关双联	套	0.0012			
	单控扳式暗开关三联	套	0.0004			
	单相暗插座　15A　3孔	个	0.0018	0.0017		
	三回路瓷接头	个			0.0115	
	明装接线盒	个	0.0249	0.0164	0.0007	0.3418
	塑料软管　综合	kg	0.0001	0.0001	0.0002	0.0006
	沥青清漆	kg				0.0002
	其他材料费	元	0.1300	0.0900	0.1100	0.7900
机械	交流弧焊机　容量　21kVA	台班	0.0043	0.0017	0.0065	0.0237
	高压开关真空度测试仪	台班	0.0002	0.0002	0.0007	0.0008
	电压电流互感器二次负荷在线测试仪 HFH-4	台班	0.0002	0.0002	0.0007	0.0008
	电能表现场校验仪　PRS1.3	台班	0.0002	0.0002	0.0007	0.0008
	相位频率计　704	台班	0.0004	0.0004	0.0014	0.0016

271

定 额 编 号		PGT11-27	PGT11-28	PGT11-29	PGT11-30
项 目		生产建筑		生活建筑	
		多层	单层	多层	单层
		照明接地			
单 位		m³	m³	m²	m²
基 价 （元）		**5. 80**	**5. 41**	**46. 20**	**84. 53**
其中	人 工 费 （元）	1. 13	1. 53	11. 66	22. 12
	材 料 费 （元）	4. 37	3. 46	32. 50	61. 07
	机 械 费 （元）	0. 30	0. 42	2. 04	1. 34
名 称	单位	数 量			
人工 普通工	工日	0. 0052	0. 0070	0. 0572	0. 1153
建筑技术工	工日	0. 0064	0. 0087	0. 0638	0. 1162
计价材料 镀锌扁钢 综合	kg	0. 0052	0. 0174	0. 1093	0. 2469
镀锌圆钢 φ8 以下	kg	0. 0020	0. 0040	0. 0288	0. 0598
镀锌圆钢 φ16	kg	0. 0424	0. 0820	0. 5965	1. 2389
镀锌热轧圆盘条 φ10 以下	kg	0. 0004	0. 0009	0. 0068	0. 0091
镀锌钢板 6 以下	kg	0. 0004	0. 0011	0. 0070	0. 0157
无缝钢管 10~20 号 φ28 以下	kg	0. 1803	0. 1927	1. 9094	1. 8032
钢垫板 综合	kg	0. 0001	0. 0002	0. 0001	0. 0004
电焊条 J422 综合	kg		0. 0001	0. 0006	0. 0013
木螺丝	kg		0. 0001	0. 0002	0. 0001
镀锌管接头 DN20	个	0. 0177	0. 0189	0. 1482	0. 1772
镀锌管接头 DN32	个			0. 0170	

定 额 编 号			PGT11-27	PGT11-28	PGT11-29	PGT11-30
项 目			生产建筑		生活建筑	
			多层	单层	多层	单层
			照明接地			
计价材料	镀锌管接头 DN40	个			0.0029	
	铜芯绝缘导线 截面2.5mm²	m			0.6403	1.2444
	铜芯绝缘导线 截面4mm²	m	0.2395	0.2980	1.3831	0.7986
	铜芯绝缘导线 截面10mm²	m			0.2415	0.3444
	铜接线端子 6mm² 以下	个	0.0012	0.0024	0.0016	0.0053
	铜接线端子 25mm²	个	0.0099	0.0017	0.0181	0.0110
	普通灯具半圆球吸顶灯 DN250	套	0.0001	0.0040	0.0030	0.0078
	普通灯具座灯头	套	0.0036	0.0030	0.0434	0.0063
	荧光灯具吸顶式单管	套	0.0051	0.0012	0.0482	0.0564
	荧光灯具吸顶式双管	套			0.0087	0.0376
	荧光灯具嵌入式三管	套			0.0006	
	荧光灯具嵌入式四管	套			0.0006	
	诱导灯墙壁式	套	0.0099	0.0017	0.0087	0.0109
	诱导灯嵌入式	套			0.0093	
	单控扳式暗开关单联	套	0.0006	0.0008	0.0162	0.0238
	单控扳式暗开关双联	套	0.0003	0.0004	0.0162	0.0173

定 额 编 号			PGT11-27	PGT11-28	PGT11-29	PGT11-30
项 目			生产建筑		生活建筑	
			多层	单层	多层	单层
			照明接地			
计价材料	单控扳式暗开关三联	套		0.0012	0.0082	0.0016
	单相暗插座 15A 3孔	个			0.0676	0.0032
	单相暗插座 15A 5孔	个			0.0082	1.1698
	三回路瓷接头	个	0.0101	0.0018	0.0196	0.0111
	明装接线盒	个	0.0082	0.0088	0.0988	0.1676
	塑料软管 综合	kg	0.0001	0.0002	0.0001	0.0003
	沥青清漆	kg				0.0001
	其他材料费	元	0.0900	0.0700	0.6400	1.2000
机械	钢材电动煨弯机 弯曲直径 φ500以内	台班			0.0001	
	交流弧焊机 容量 21kVA	台班	0.0010	0.0017	0.0131	0.0198
	高压开关真空度测试仪	台班	0.0003	0.0004	0.0015	
	电压电流互感器二次负荷在线测试仪 HFH-4	台班	0.0003	0.0004	0.0015	
	电能表现场校验仪 PRS1.3	台班	0.0003	0.0004	0.0015	
	相位频率计 704	台班	0.0006	0.0008	0.0030	

11.5 特殊消防工程

定 额 编 号		PGT11-31	PGT11-32
项　　　　目		变电站主控楼	电缆隧道
		消防	
单　　　　位		套	m
基　　价（元）		**65863.87**	**18.98**
其中	人　工　费（元）	15394.61	1.51
	材　料　费（元）	50041.02	17.34
	机　械　费（元）	428.24	0.13
名　　　　称	单位	数　　量	
人工	普通工	工日	64.9789	0.0079
	建筑技术工	工日	91.8585	0.0079
计价材料	焊接钢管　DN25	kg	1974.4000	
	精制六角带帽螺栓　M8×100 以下	套	4.1000	
	镀锌铁丝　综合	kg	3.3750	0.0028
	焊接钢管接头零件　DN25	个	1211.2000	
	铜芯电缆　三芯 4mm^2	m	242.4000	
	铜芯电缆　四芯 4mm^2	m	1363.5000	1.1110
	控制电缆　6 芯以下 4mm^2	m	840.0000	
	电缆标识牌	个	1.0000	
	异型塑料管　φ5	m	0.9500	

续表

定 额 编 号			PGT11-31	PGT11-32
项 目			变电站主控楼	电缆隧道
			消防	
计价材料	塑料线夹 DN15	个	22.0000	
	汽油	kg	0.6200	
	其他材料费	元	981.1400	0.3400
机械	汽车式起重机 起重量 5t	台班	0.3180	0.0002
	载重汽车 5t	台班	0.0900	
	管子切断机 管径 φ150	台班	1.6000	
	管子切断套丝机 管径 φ159	台班	2.4000	
	逆变直流焊机 电流 315A 以内	台班	0.3600	
	接地电阻测量仪	台班	0.0630	
	直流稳压电源 WYK-6005	台班	2.0340	

第 **12** 章　**措施项目**

说　　明

1. 本章定额适用于施工降水工程，打拔钢管桩、钢板桩工程等工作内容。

2. 施工降水根据降水方式执行定额。定额中包括挖排水沟、挖排水坑、打拔井管、安拆井管系统、安拆水泵、安拆排水管、安拆排水电源、抽水、值班、井管堵漏、维修、回填井点坑等工作内容。

3. 施工降水系统外排水管长度大于 100m 时，其超出部分另行计算。

4. 打拔钢管桩、钢板桩工程包括桩制作、桩运输及现场堆放、机具准备、打桩、接桩、拔桩、轨道铺设、打桩架调角移位等工作内容。

打拔钢管桩、钢板桩定额是按照桩重复利用编制的。定额计算了打桩、拔桩、桩修理维护、摊销折旧费用。定额中包括锁口检查等工作内容。

工程量计算规则

1. 轻型井点降水系统安装与拆除，按照连接轻型井管的水平管网长度计算。在初步设计阶段，可参照下列方法计算：井管单排布置时，长度按照井的根数乘以 1.2 系数；井管双排布置时，长度按照井的根数乘以 1.4 系数；井管环形布置时，长度按照井的根数乘以 1.4 系数。

2. 施工降水系统运行按照使用套·天计算工程量，使用套·天从降水系统运行之日起至降水系统结束之日止。

（1）坑槽明排水降水系统每套是由排水泵与排水管线构成，计算套数时按照运行的排水泵台数计算，每台运行的排水泵计算一套。

（2）轻型井点降水系统每套是由水平井管与排水泵及外排水管线构成，计算套数时按照水平井管线长度计算，每 70m 水平井管线长度为一套，余量长度大于 20m 时计算一套，小于 20m 时不计算。

3. 打拔钢管桩、钢板桩按照打钢管桩、钢板桩质量计算工程量，计算钢管内撑、加劲带、钢桩尖、钢桩帽等质量。

12.1 施 工 降 水

定 额 编 号		PGT12-1	PGT12-2	PGT12-3
项 目		基坑明排水	轻型井点降水系统	
			安装与拆除	运行
单 位		套·天	m	套·天
基 价 （元）		**404. 29**	**203. 07**	**884. 18**
其中	人 工 费 （元）	181. 36	67. 38	154. 46
	材 料 费 （元）	23. 12	58. 66	84. 57
	机 械 费 （元）	199. 81	77. 03	645. 15
名 称	单位	数 量		
人工 普通工	工日	2. 2107	0. 5066	1. 2108
建筑技术工	工日	0. 0406	0. 2419	0. 5189
计价材料 圆钢 ϕ10 以下	kg	0. 0007		
无缝钢管 10~20 号 ϕ28 以下	kg	0. 2509		
焊接钢管 DN100	kg	1. 1013	1. 1013	
钢管卡子 DN32	个	0. 0665		
中砂	m³		0. 3166	
镀锌管接头 DN32	个	0. 0128		

续表

定　额　编　号			PGT12-1	PGT12-2	PGT12-3
项　目			基坑明排水	轻型井点降水系统	
				安装与拆除	运行
计价材料	焊接钢管接头零件　DN100	个	0.0163	0.0163	
	铜芯绝缘导线　截面 6mm²	m	0.2567		
	铝芯聚氯乙烯绝缘电线　BLV-6mm²	m			0.6990
	橡胶密封圈　DN300	个	0.0500		
	硬聚氯乙烯塑料管　DN25	m			0.2330
	硬聚氯乙烯塑料管　DN150	m	0.1699		0.5000
	水	t		3.9520	
	井点管　DN50	kg		0.0776	5.8180
	井点管总管　DN100	kg		0.0092	0.6890
	棕皮	kg		0.1312	
	其他材料费	元	0.4500	1.1500	0.8100
机械	汽车式起重机　起重量　5t	台班		0.0757	
	管子切断机　管径　φ150	台班	0.0002	0.0002	
	管子切断套丝机　管径　φ159	台班	0.0005	0.0005	

定 额 编 号			PGT12-1	PGT12-2	PGT12-3
项 目			基坑明排水	轻型井点降水系统	
				安装与拆除	运行
机械	钢材电动煨弯机 弯曲直径 φ500 以内	台班	0.0004	0.0005	
	电动单级离心清水泵 出口直径 φ100	台班	3.0000		
	电动多级离心清水泵 出口直径 φ150 扬程 180m 以下	台班		0.0450	
	泥浆泵 出口直径 φ100	台班		0.0456	
	真空泵 抽气速度 204m³/h	台班			3.0000
	井点喷射泵 喷射速度 40m³/h	台班			3.0000
	交流弧焊机 容量 21kVA	台班	0.0019	0.0025	

12.2 围 护

定 额 编 号			PGT12-4	PGT12-5
项 目			打拔钢管桩	打拔钢板桩
单 位			t	t
基 价 （元）			**1753.75**	**1947.41**
其中	人 工 费（元）		110.40	129.01
	材 料 费（元）		1275.58	1426.98
	机 械 费（元）		367.77	391.42
	名 称	单位	数 量	
人工	普通工	工日	1.0246	1.1973
	建筑技术工	工日	0.2561	0.2993
计价材料	加工铁件 综合	kg	0.7500	0.9620
	方材红白松 二等	m³	0.0007	0.0004
	板材红白松 二等	m³	0.0020	0.0050
	钢板桩	kg		208.0000
	钢管桩	kg	202.0000	
	其他材料费	元	25.0100	27.9800
机械	轨道式柴油打桩机 锤重 2.5t	台班	0.1008	0.1098
	振动沉拔桩机 激振力 400kN	台班	0.0922	0.1040
	履带式起重机 起重量 15t	台班	0.1186	0.1186
	载重汽车 8t	台班	0.0950	0.0950

附录 A 电力建设工程建筑面积计算规则

说　　明

1　规则说明

1.1　为规范电力建设工程建筑面积的计算，统一计算方法，制定本规则。

1.2　本规则适用于新建、扩建、改建的电力工程建筑面积的计算。

1.3　建筑面积计算应遵循科学、合理的原则。

1.4　建筑面积计算除应遵循本规则，尚应符合国家现行的有关标准规范的规定。

2　本规则中的术语

2.1　层高

上下两层楼面或楼面与地面之间的垂直距离。

2.2　自然层

按照楼板、地板结构分层的楼层。

2.3　架空层

建筑物深基础或坡地建筑吊脚架空部位不回填土石方形成的建筑空间。

2.4 走廊

建筑物的水平交通空间。

2.5 挑廊

挑出建筑物外墙的水平空间。

2.6 檐廊

设置在建筑物底层出檐下的水平交通空间。

2.7 回廊

在建筑物门厅、大厅内设置二层或二层以上的回形走廊。

2.8 门斗

在建筑物出入口设置的起分隔、挡风、御寒等作用的建筑过渡空间。

2.9 建筑物通道

由于交通等原因穿过建筑物，在建筑物内形成的建筑空间。

2.10 架空走廊

建筑物与建筑物之间，在二层或二层以上专门为水平交通设置的走廊。

2.11 勒脚

建筑物外墙与室外地面或散水接触部位墙体加厚的部分。

2.12 围护结构

围合建筑空间四周的墙体、门、窗等。

2.13 围护性幕墙

直接作为外墙起围护作用的幕墙。

2.14 装饰性幕墙

设置在建筑物墙体外起装饰作用的幕墙。

2.15 落地橱窗

突出外墙面坐落在地面上的橱窗。

2.16 阳台

突出或凹进外墙供使用者进行活动的建筑空间。

2.17 眺望间

设置在建筑物顶层或挑出房间的供人们远眺或观察周围情况的建筑空间。

2.18 雨篷

设置在建筑物进出口上部的遮雨、遮阳篷。

2.19 地下室

房间地面低于室外地坪面的高度超过该房间净高的 $\frac{1}{2}$ 的建筑空间。

2.20 半地下室

房间地面低于室外地坪面的高度超过该房间净高的 $\frac{1}{3}$，且不超过 $\frac{1}{2}$ 的建筑空间。

2.21　变形缝

伸缩缝（温度缝）、沉降缝和抗震缝的总称。

2.22　永久性顶盖

经规划批准设计的永久使用的顶盖。

2.23　天桥

建筑物与建筑物之间，利用支架（柱）架空的水平交通廊道。

2.24　建筑

临时建筑与永久建筑的统称；建筑物与构筑物的统称。

3　计算建筑面积的规定

3.1　单层建筑物的建筑面积，应按照其外墙勒脚以上结构外围水平面积计算，并应符合下列规定：

单层建筑物高度在2.20m及以上者应计算全面积；高度不足2.20m者应计算$\frac{1}{2}$面积。

3.2　利用坡屋顶内空间时，净高超过2.10m的部位应计算全面积；净高在1.20~2.10m的部位应计算$\frac{1}{2}$面积；净高不足1.20m的部位不应计算建筑面积。

3.3　单层建筑物内设有局部楼层者，局部楼层的二层及以上楼层，有围护结构的应按照其围护结构外围水平面积计算，无围护结构的应按照其结构底板水平面积计算。层高在2.20m及以上者应计算全面积；层高不足2.20m者应计算$\frac{1}{2}$面积。

3.4 多层建筑物首层应按照其外墙勒脚以上结构外围水平面积计算；二层及以上楼层应按照其外墙结构外围水平面积计算。层高在2.20m及以上者应计算全面积；层高不足2.20m者应计算$\frac{1}{2}$面积。

3.5 多层建筑坡屋顶内，当设计加以利用时净高超过2.10m的部位应计算全面积；净高在1.20m至2.10m的部位应计算$\frac{1}{2}$面积；当设计不利用或室内净高不足1.20m时不应计算建筑面积。

3.6 地下室、半地下室、有永久性顶盖的出入口，应按照其外墙上口（不包括采光井、外墙防潮层及其保护墙）外边线所围水平面积计算。层高在2.20m及以上者应计算全面积；层高不足2.20m者应计算$\frac{1}{2}$面积。

3.7 坡地的建筑物吊脚架空层、深基础架空层，设计加以利用并有围护结构的，层高在2.20m及以上的部位应按照其结构外围水平面积计算全面积；层高不足2.20m的部位应按照其结构外围水平面积计算$\frac{1}{2}$面积。设计加以利用、无围护结构的建筑吊脚架空层、深基础架空层，应按照其利用部位结构外围水平面积的$\frac{1}{2}$计算；设计不利用的深基础架空层、坡地吊脚架空层的空间不应计算建筑面积。

3.8 建筑物的门厅、大厅按照一层计算建筑面积。门厅、大厅内设有回廊时，应按照其结构外围水平面积计算。层高在2.20m及以上者应计算全面积；层高不足2.20m者应计算$\frac{1}{2}$面积。

3.9 建筑物间有围护结构的架空走廊，应按其围护结构外围水平面积计算。层高在2.20m及以上者应计算全面积；层高不足2.20m者应计算$\frac{1}{2}$面积。有永久性顶盖无围护结构的应按照其结构底板水平面积的$\frac{1}{2}$计算。

3.10 建筑物外有围护结构的落地橱窗、门斗、挑廊、走廊、檐廊，应按照其围护结构外围水平面积计算。层高在2.20m及以上者应计算全面积；层高不足2.20m者应计算$\frac{1}{2}$面积。有永久性顶盖无围护结构的应按照其永久顶盖水平投影面积的$\frac{1}{2}$计算。

3.11 建筑物顶部有围护结构的楼梯间、水箱间、电梯机房等，层高在2.20m及以上者应计算全面积；层高不足2.20m者应计算$\frac{1}{2}$面积。

3.12 设有围护结构不垂直于水平面而超出底板外沿的建筑物，应按照其底板面的外围水平面积计算。层高在2.20m及以上者应计算全面积；层高不足2.20m者应计算$\frac{1}{2}$面积。

3.13 建筑物内的楼梯间、电梯井、观光电梯井、提物井、管道井、电缆竖井、通风排气竖井、垃圾道应按照建筑物的自然层计算。

3.14 雨篷结构的外边线至外墙结构外边线的宽度超过2.10m者，应按照雨篷结构板的水平投影

面积的 $\frac{1}{2}$ 计算。

3.15 有永久性顶盖的室外楼梯，应按照建筑物自然层的水平投影面积的 $\frac{1}{2}$ 计算。

3.16 建筑物的阳台按照其水平投影面积的 $\frac{1}{2}$ 计算。

3.17 有永久性顶盖无围护结构的车棚、货棚、站台等，应按照其顶盖水平投影面积的 $\frac{1}{2}$ 计算。

3.18 高低联跨的建筑物，应以高跨结构外边线分界分别计算建筑面积；其高低跨内部连通时，其变形缝应计算在低跨面积内。

3.19 以幕墙作为围护结构的建筑物，应按照幕墙外边线计算建筑面积。

3.20 建筑物外墙外侧有保温隔热层的，应按照保温隔热层外边线计算建筑面积。

3.21 建筑物内的变形缝，应按照其自然层合并在建筑物面积内计算。

3.22 天桥面积不分高度按照天桥水平长度计算。

4 不应计算建筑面积的项目

4.1 建筑物通道。

4.2 建筑物内分隔的单层房间。

4.3 建筑物内操作平台、上料平台、安装箱或罐体平台。

4.4 勒脚、附墙柱、垛、台阶、墙面抹灰、装饰面、镶贴块料面层、装饰性幕墙、空调机外机搁板（箱）、构件、配件、宽度在2.10m及以内的雨篷。

    4.5 无永久性顶盖的架空走廊、室外楼梯；用于检修、消防的室外钢楼梯、爬梯。

    4.6 室外沟道、油池、水池、井、设备基础、箱罐基础。

    4.7 水渠、截洪沟。

    4.8 防火墙。

    4.9 围墙、地坪、道路、支架、挡土墙、绿化等。

附录 B 电力建设工程建筑体积计算规则

说　　明

1　规则说明

1.1　为规范电力建设工程建筑体积的计算，统一计算方法，制定本规则。

1.2　本规则适用于新建、扩建、改建的电力工程建筑体积的计算。

1.3　建筑体积计算应遵循科学、合理的原则。

1.4　建筑体积计算除应遵循本规则，尚应符合国家现行的有关标准规范的规定。

2　本规则中的术语

2.1　层高

上下两层楼面或楼面与地面之间的垂直距离。

2.2　自然层

按照楼板、地板结构分层的楼层。

2.3　架空层

建筑物深基础或坡地建筑吊脚架空部位不回填土石方形成的建筑空间。

2.4 走廊

建筑物的水平交通空间。

2.5 挑廊

挑出建筑物外墙的水平空间。

2.6 檐廊

设置在建筑物底层出檐下的水平交通空间。

2.7 回廊

在建筑物门厅、大厅内设置二层或二层以上的回形走廊。

2.8 门斗

在建筑物出入口设置的起分隔、挡风、御寒等作用的建筑过渡空间。

2.9 建筑物通道

由于交通等原因穿过建筑物，在建筑物内形成的建筑空间。

2.10 架空走廊

建筑物与建筑物之间，在二层或二层以上专门为水平交通设置的走廊。

2.11 勒脚

建筑物外墙与室外地面或散水接触部位墙体加厚的部分。

2.12 围护结构

围合建筑空间四周的墙体、门、窗等。

2.13 围护性幕墙

直接作为外墙起围护作用的幕墙。

2.14 装饰性幕墙

设置在建筑物墙体外起装饰作用的幕墙。

2.15 落地橱窗

突出外墙面坐落在地面上的橱窗。

2.16 阳台

突出或凹进外墙供使用者进行活动的建筑空间。

2.17 眺望间

设置在建筑物顶层或挑出房间的供人们远眺或观察周围情况的建筑空间。

2.18 雨篷

设置在建筑物进出口上部的遮雨、遮阳篷。

2.19 地下室

房间地面低于室外地坪面的高度超过该房间净高的$\dfrac{1}{2}$的建筑空间。

2.20 半地下室

房间地面低于室外地坪面的高度超过该房间净高的$\dfrac{1}{3}$，且不超过$\dfrac{1}{2}$的建筑空间。

2.21 变形缝

伸缩缝（温度缝）、沉降缝和抗震缝的总称。

2.22 永久性顶盖

经规划批准设计的永久使用的顶盖。

2.23 天桥

建筑物与建筑物之间，利用支架（柱）架空的水平交通廊道。

2.24 建筑

临时建筑与永久建筑的统称；建筑物与构筑物的统称。

2.25 建筑高度

建筑物室外地坪至其檐口或屋面面层的垂直距离。

2.26 建筑物高度

建筑物高度泛指建筑物整体高度、或部位高度、或部件高度。是指建筑物上某标高相对室内地面、或相对室外地坪、或相对指定标高间的垂直距离。

3 计算建筑体积的规定

3.1 单层建筑物的建筑体积，应按照其外墙勒脚以上结构外围水平面积乘以建筑物高度计算，不同高度建筑物应分别计算。高低联跨的建筑物，应以高跨结构外边线分界分别计算建筑体积；其高低跨内部连通时，其变形缝应计算在低跨体积内。

结构找坡或建筑找坡的平屋面、单坡或双坡或四坡的坡屋面单层建筑物高度从其室内地面计算至屋面面层间的平均标高。女儿墙、挑檐、屋顶架空隔热层不计算建筑物高度。

3.2　多层建筑物首层应按照其外墙勒脚以上结构外围水平面积乘以首层建筑物高度计算，首层建筑物高度从室内地面计算至二层楼板建筑顶面；二层及以上楼层应按照其外墙结构外围水平面积乘以二层及以上楼层建筑物高度计算，二层及以上楼层建筑物高度从其室内地面计算至上层楼板建筑顶面；顶层应按照其外墙结构外围水平面积乘以顶层建筑物高度计算，顶层建筑物高度从室内地面计算至屋面面层间的平均标高。女儿墙、挑檐、屋顶架空隔热层不计算建筑物高度。

3.3　突出主体建筑屋顶有维护结构的电梯间、楼梯间、水箱间、提物间、通风间等按照顶层建筑物计算建筑体积。无围护结构的应按照其体积的 $\frac{1}{2}$ 计算。

3.4　地下室、半地下室、有永久性顶盖的出入口，应按照其外墙上口（不包括采光井、外墙防潮层及其保护墙）外边线所围水平面积乘以建筑物高度计算。地下室、半地下室建筑物高度从其底板结构底标高计算至首层建筑地面；有永久性顶盖的出入口建筑物高度从其底板结构底标高计算至出口顶板建筑顶面。独立的电梯坑、提物间坑不计算建筑体积。

3.5　坡地吊脚架空层、深基础架空层，设计加以利用并有围护结构的部位按照其结构外围水平面积乘以建筑物高度计算。坡地吊脚架空层、深基础架空层建筑物高度从其底板结构底标高计算至首层建筑地面；设计加以利用、无围护结构的坡地吊脚架空层、深基础架空层，应按照其利用部位体积的 $\frac{1}{2}$ 计算；设计不利用的深基础架空层、坡地吊脚架空层的空间不应计算建筑体积。

3.6　建筑物间有围护结构的架空走廊，应按其围护结构外围水平面积乘以建筑物高度计算。架空走廊建筑物高度从走廊底板结构底标高计算至走廊顶板建筑顶标高。有永久性顶盖无围护结构的应按

照其体积的 $\frac{1}{2}$ 计算。

3.7 建筑物外有围护结构的落地橱窗、门斗、挑廊、走廊、檐廊，应按照其围护结构外围体积计算。有永久性顶盖无围护结构的应按照其体积的 $\frac{1}{2}$ 计算。

3.8 建筑物内的楼梯间、电梯井、观光电梯井、提物井、管道井、电缆竖井、通风排气竖井、垃圾道、附墙烟囱应计算建筑体积，并入建筑物体积内。

3.9 有永久性顶盖的室外楼梯，应按照楼梯结构水平投影面积 $\frac{1}{2}$ 乘以建筑物高度计算。室外楼梯建筑物高度从室外地坪标高计算至永久性顶盖建筑顶面。

3.10 建筑物的阳台按照其水平投影面积的 $\frac{1}{2}$ 乘以建筑物高度计算。阳台建筑物高度从阳台地面底板结构底标高计算至阳台顶板建筑顶面或上一层阳台地面建筑顶面。

3.11 有柱雨篷按照其水平投影面积的 $\frac{1}{2}$ 乘以建筑物高度计算。雨篷建筑物高度从雨篷地面标高（台阶上平台标高）计算至雨篷板建筑顶面。

3.12 有永久性顶盖无围护结构的车棚、货棚、站台等，应按照其顶盖水平投影面积的 $\frac{1}{2}$ 乘以建筑物高度计算。车棚、货棚、站台等建筑物高度从其地坪标高计算至车棚、货棚、站台等顶板建筑顶面平均标高。

3.13 以幕墙作为围护结构的建筑物，应按照幕墙外边线计算建筑体积。

3.14 建筑物外墙外侧有保温隔热层的，应按照保温隔热层外边线计算建筑体积。

3.15 建筑物内的变形缝计算体积，合并在建筑物体积内。

3.16 天桥体积按照结构外轮廓尺寸计算，长度按照水平长计算，天桥建筑物高度从天桥底板结构底标高计算至天桥顶板建筑顶面。

4 不应计算建筑体积的项目

4.1 建筑物通道。

4.2 勒脚、附墙柱、垛、台阶、墙面抹灰、装饰面、镶贴块料面层、装饰性幕墙、空调机外机搁板（箱）。

4.3 无柱雨篷。

4.4 无永久性顶盖的架空走廊、室外楼梯和用于检修、消防等的室外钢楼梯、爬梯。

4.5 室外沟道、油池、水池、井、设备基础、箱罐基础。

4.6 水渠、截洪沟。

4.7 防火墙。

4.8 围墙、地坪、道路、支架、挡土墙、护坡、护岸、绿化等。

附录 C 混凝土材料单价表

附表 C-1　　　　　　　现浇混凝土制备表——现场搅拌机搅拌　　　　　　　单位：m³

材 料 编 号	C09031601	C09031602	C09031603	C09031604	C09031605
项　　　　目	现浇混凝土				
	C20-10	C25-10	C30-10	C35-10	C40-10
材料基价（元）	**339.90**	**365.31**	**357.55**	**381.47**	**402.73**
人 工 费（元）	18.49	18.49	18.49	18.49	18.49
材 料 费（元）	291.85	317.26	309.50	333.42	354.68
机 械 费（元）	29.56	29.56	29.56	29.56	29.56

单位：m³

材 料 编 号	C09031611	C09031612	C09031613	C09031614	C09031615
项　　　　目	现浇混凝土				
	C15-20	C20-20	C25-20	C30-20	C35-20
材料基价（元）	**304.89**	**315.93**	**321.95**	**346**	**359.4**
人 工 费（元）	18.49	17.86	17.86	17.86	17.86
材 料 费（元）	256.84	258.92	276.01	300.06	313.46
机 械 费（元）	29.56	28.08	28.08	28.08	28.08

单位：m³

材 料 编 号	C09031616	C09031617	C09031618	C09031619	C09031620
项　　　目	现浇混凝土				
	C40-20	C45-20	C50-20	C55-20	C60-20
材 料 基 价 （元）	**380.45**	**409.42**	**424.44**	**443.47**	**457.14**
人 工 费 （元）	18.49	18.49	18.49	18.49	18.49
材 料 费 （元）	346.55	361.37	376.39	395.42	409.09
机 械 费 （元）	29.56	29.56	29.56	29.56	29.56

单位：m³

材 料 编 号	C09031631	C09031632	C09031633	C09031634	C09031635	C09031636
项　　　目	现浇混凝土					
	C10-40	C15-40	C20-40	C25-40	C30-40	C35-40
材 料 基 价 （元）	**275.64**	**287.97**	**304.63**	**319.51**	**341.68**	**354.29**
人 工 费 （元）	18.49	18.49	18.49	18.49	18.49	18.49
材 料 费 （元）	227.59	239.92	256.58	271.46	293.63	306.24
机 械 费 （元）	29.56	29.56	29.56	29.56	29.56	29.56

单位：m³

材 料 编 号	C09031637	C09031638	C09031639	C09031640	C09031641
项 目	现浇混凝土				
	C40-40	C45-40	C50-40	C55-40	C60-40
材 料 基 价（元）	**374.36**	**384.55**	**400.11**	**416.21**	**431.82**
人 工 费（元）	18.49	18.49	18.49	18.49	18.49
材 料 费（元）	326.31	336.50	352.06	368.16	383.77
机 械 费（元）	29.56	29.56	29.56	29.56	29.56

附表 C-2　　　　　　　　　　　　预制混凝土制备表——现场搅拌机搅拌　　　　　　　　　　　单位：m³

材 料 编 号	C09031701	C09031702	C09031703	C09031704	C09031705
项 目	预制混凝土				
	C20-20	C25-20	C30-20	C35-20	C40-20
材 料 基 价（元）	**309.49**	**310.84**	**326.58**	**360.39**	**382.63**
人 工 费（元）	18.49	17.86	17.86	18.49	18.49
材 料 费（元）	248.61	261.04	276.78	308.2	330.44
机 械 费（元）	31.94	31.94	31.94	33.7	33.7

材 料 编 号	C09031711	C09031712	C09031713	C09031714	C09031715
项　　　　目	预制混凝土				
	C20-40	C25-40	C30-40	C35-40	C40-40
材 料 基 价（元）	**297. 43**	**311. 04**	**324. 66**	**340. 95**	**365. 15**
人 工 费（元）	18. 49	18. 49	18. 49	18. 49	18. 49
材 料 费（元）	249. 38	262. 99	276. 61	292. 90	317. 10
机 械 费（元）	29. 56	29. 56	29. 56	29. 56	29. 56

附表 C-3　　　　　　　水工现浇混凝土制备表——现场搅拌机搅拌　　　　

材 料 编 号	C09031801	C09031802	C09031803	C09031804	C09031805
项　　　　目	水工现浇混凝土				
	C20-20	C25-20	C30-20	C35-20	C40-20
材 料 基 价（元）	**318. 10**	**335. 91**	**363. 11**	**379. 34**	**394. 95**
人 工 费（元）	18. 49	18. 49	18. 49	18. 49	18. 49
材 料 费（元）	270. 05	287. 86	315. 06	331. 29	346. 90
机 械 费（元）	29. 56	29. 56	29. 56	29. 56	29. 56

材 料 编 号	C09031811	C09031812	C09031813	C09031814	C09031815
项　　　目	水工现浇混凝土				
	C20-40	C25-40	C30-40	C35-40	C40-40
材 料 基 价（元）	**302. 18**	**316. 40**	**346. 22**	**361. 34**	**372. 06**
人 工 费（元）	18. 49	18. 49	18. 49	18. 49	18. 49
材 料 费（元）	254. 13	268. 35	298. 17	313. 29	324. 01
机 械 费（元）	29. 56	29. 56	29. 56	29. 56	29. 56

附表 C-4　　　　　　水工预制混凝土制备表——现场搅拌单价　　　　　　单位：m³

材 料 编 号	C09031901	C09031902	C09031903	C09031904	C09031905
项　　　目	水工预制混凝土				
	C20-20	C25-20	C30-20	C35-20	C40-20
材 料 基 价（元）	**309. 07**	**332. 12**	**360. 14**	**369. 45**	**384. 42**
人 工 费（元）	18. 49	18. 49	18. 49	18. 49	18. 49
材 料 费（元）	261. 02	284. 07	312. 09	321. 40	336. 37
机 械 费（元）	29. 56	29. 56	29. 56	29. 56	29. 56

材 料 编 号	C09031911	C09031912	C09031913	C09031914	C09031915
项　　　目	水工预制混凝土				
	C20-40	C25-40	C30-40	C35-40	C40-40
材料基价（元）	289.99	305.83	326.99	340.86	367.20
人　工　费（元）	18.49	18.49	18.49	18.49	18.49
材　料　费（元）	241.94	257.78	278.94	292.81	319.15
机　械　费（元）	29.56	29.56	29.56	29.56	29.56